11-037职业技能鉴定指导书

职业标准·试题库

热工自动装置检修

（第二版）

电力行业职业技能鉴定指导中心 编

电力工程 热工仪表
及自动装置专业

U0658047

中国电力出版社
CHINA ELECTRIC POWER PRESS

内 容 提 要

本《指导书》是按照劳动和社会保障部制定国家职业标准的要求编写的，其内容主要由职业概况、职业技能培训、职业技能鉴定和鉴定试题库四部分组成，分别对技术等级、工作环境和职业能力特征进行了定性描述；对培训期限、教师、场地设备及培训计划大纲进行了指导性规定。本《指导书》自 1999 年出版后，对行业内职业技能培训和鉴定工作起到了积极的作用，本书在原《指导书》的基础上进行了修编，补充了内容，修正了错误。

试题库是根据《中华人民共和国国家职业标准》和针对本职业（工种）的工作特点，选编了具有典型性、代表性的理论知识（含技能笔试）试题和技能操作试题，还编制有试卷样例和组卷方案。

本《指导书》是职业技能培训和技能鉴定考核命题的依据，可供劳动人事管理人员、职业技能培训及考评人员使用，亦可供电力（水电）类职业技术学校和企业职工学习参考。

图书在版编目（CIP）数据

热工自动装置检修: 11—037 / 电力行业职业技能鉴定指导中心编. —2 版.
北京：中国电力出版社，2012.1（2020.9 重印）
（职业技能鉴定指导书. 职业标准试题库）
ISBN 978-7-5123-2120-5

Ⅰ. ①热… Ⅱ. ①电… Ⅲ. ①火电厂–热力工程–自动控制装置–检修–职业技能–鉴定–习题集 Ⅳ. ①TM621.4–44

中国版本图书馆 CIP 数据核字（2011）第 189744 号

中国电力出版社出版、发行

（北京市东城区北京站西街 19 号 100005 http://www.cepp.sgcc.com.cn）
三河市百盛印装有限公司印刷
各地新华书店经售

＊

2002 年 4 月第一版
2012 年 1 月第二版　　2020 年 9 月北京第二十次印刷
850 毫米×1168 毫米　32 开本　9.75 印张　247 千字
印数40001—41500册　定价 **40.00** 元

电力职业技能鉴定题库建设工作委员会

主　任　徐玉华

副主任　方国元　　王新新　　史瑞家　　杨俊平

　　　　　陈乃灼　　江炳思　　李治明　　李燕明

　　　　　程加新

办公室　石宝胜　　徐纯毅

委　员（按姓氏笔画为序）

马建军　　马振华　　马海福　　王　玉

王中奥　　王向阳　　王应永　　丘佛田

吕光全　　朱兴林　　刘树林　　许佐龙

李　杰　　李生权　　李宝英　　杨　威

杨文林　　杨好忠　　杨耀福　　吴剑鸣

张　平　　张龙钦　　张彩芳　　陈国宏

季　安　　金昌榕　　南昌毅　　倪　春

徐　林　　奚　珣　　高　琦　　高应云

章国顺　　谌家良　　董双武　　景　敏

焦银凯　　路俊海　　熊国强

第一版编审人员

编写人员　张国明　俞成彪
审定人员　钱晓华　周舜东

第二版编审人员

编写人员（修订人员）
　　　　　宋梅林　肖柏生
审定人员　陈万海　李　棋　顾锦绣

说　明

为适应开展电力职业技能培训和实施技能鉴定工作的需要，按照劳动和社会保障部关于制定国家职业标准，加强职业培训教材建设和技能鉴定试题库建设的要求，电力行业职业技能鉴定指导中心统一组织编写了电力职业技能鉴定指导书（以下简称《指导书》）。

《指导书》以电力行业特有工种目录各自成册，于 1999 年陆续出版发行。

《指导书》的出版是一项系统工程，对行业内开展技能培训和鉴定工作起到了积极作用。由于当时历史条件和编写力量所限，《指导书》中的内容已不能适应目前培训和鉴定工作的新要求，因此，电力行业职业技能鉴定指导中心决定对《指导书》进行全面修编，在各网省电力（电网）公司、发电集团和水电工程单位的大力支持下，补充内容，修正错误，使之体现时代特色和要求。

《指导书》主要由职业概况、职业技能培训、职业技能鉴定和鉴定试题库四部分内容构成。其中，职业概况包括职业名称、职业定义、职业道德、文化程度、职业等级、职业环境条件、职业能力特征等内容；职业技能培训包括对不同等级的培训期限要求，对培训指导教师的经历、任职条件、资格要求，对培训场地设备条件的要求和培训计划大纲、培训重点、难点以及对学习单元的设计等；职业技能鉴定的依据是《中华人民共和国国家职业标准》，其具体内容不再在本书中重复；鉴定试题库是根据《中华人民共和国国家职业标准》所规定的范围和内容，以实际技能操作为主线，按照选择题、判断题、简答题、计算题、绘图题和论述题六种题型进行选题，并以难易程度组合排列，同时汇集了大量电力生产建设过程中具有普遍代表性和典型性的实际操作试题，构成了各工种的技能鉴定试题库。试题库的深度、广度涵盖了本职业技能鉴定的全部内容。题库之后还附有试卷样例和组卷方案，为实施鉴定命题提供依据。

《指导书》力图实现以下几项功能：劳动人事管理人员可根据《指导书》进行职业介绍，就业咨询服务；培训教学人员可按照《指导书》中的培训大纲组织教学；学员和职工可根据《指导书》要求，制订自学计划，确立发展目标，走自学成才之路。《指导书》对加强职工队伍培养，提高队伍素质，保证职业技能鉴定质量将起到重要作用。

本次修编的《指导书》仍会有不足之处，敬请各使用单位和有关人员及时提出宝贵意见。

电力行业职业技能鉴定指导中心

2008 年 6 月

目 录

1 ▼ 职业概况

1.1 职业名称

热工自动装置检修（11—037）。

1.2 职业定义

指从事热工自动装置检修工作的人员。

1.3 职业道德

热爱本职工作，刻苦钻研技术，遵守劳动纪律，爱护工器具及设备，安全文明生产，诚实团结协作，艰苦朴素，尊师爱徒。

1.4 文化程度

中等职业技术学校毕（结）业。

1.5 职业等级

本职业按照国家职业资格的规定，设为初级（五级）、中级（四级）、高级（三级）、技师（二级）、高级技师（一级）共五个技术等级。

1.6 职业环境条件

室内、外作业相结合。现场检修消缺时高温作业并有噪声及灰尘。

1.7 职业能力特征

能通过眼睛观察、分析一般仪控设备的异常情况并能正确处理。能利用工器具判断设备故障情况并能正确处理。有领会理解和应用技术文件的能力，能用精练语言进行工作联系及交流，能够准确而有目的地运用数字进行运算，并具备识绘图能力。

2 职业技能培训

2.1 培训期限

2.1.1 初级工：累计培训不少于 500 标准学时。

2.1.2 中级工：在取得初级职业资格的基础上累计不少于 400 标准学时。

2.1.3 高级工：在取得中级职业资格的基础上累计不少于 400 标准学时。

2.1.4 技师：在取得高级职业资格的基础上累计不少于 500 标准学时。

2.1.5 高级技师：在取得技师职业资格的基础上累计不少于 350 标准学时。

2.2 培训教师资格

2.2.1 任职条件
（1）具有良好的职业道德。
（2）具有组织和指导教学经验和较好的表达能力。
（3）熟悉相关工程的专业理论和操作技能。
（4）能正确、规范、熟练地进行操作示范。
（5）善于启发、组织学员专注学习、独立钻研。
（6）能指导并有效地控制学员的操作行为。

2.2.2 任职资格
（1）具有中级以上专业技术职称的工程技术人员和高级工、技师，并经师资培训取得资格证书，可担任初、中级工的培训教师。
（2）具有高级专业技术职称的工程技术人员和高级技师并

经师资培训取得资格证书，可以担任初级工、中级工、高级工、技师和高级技师的培训教师。

2.3 培训场地设备

2.3.1 具备本职业（工种）理论知识培训的教室和教学设备。

2.3.2 具有基本技能训练的实习场所及实际操作训练设备。

2.3.3 具有模拟仿真机、模拟机、仿真机。

2.3.4 本厂生产现场实际设备。

2.4 培训项目

2.4.1 培训目的：通过培训达到《国家职业标准》对本职业的知识和技能要求。

2.4.2 培训方式：以自学和脱产相结合的方式，进行基础知识讲课和技能训练。

2.4.3 培训重点：

（1）知识要求：热工自动调节知识、自动调节系统及热工自动装置知识。

（2）技能要求：热工自动装置的安装、维护及检修。

2.5 培训大纲

本职业技能培训大纲，以模块组合（MES）—模块（MU）—学习单元（LE）的结构模式进行编写（见表1），职业技能模块及学习单元对照选择见表2，学习单元名称见表3。

模块序号 及名称	单元序号 及名称	学习目标	学习内容	学习 方式	参考 学时
MU1 发电厂 检修人员 职业道德	LE1 热工自 动装置检 修人员的 职业道德 及电力法 规	通过本单元学 习之后，了解发 电厂热工自动装 置检修员的职业 道德规范，并能 自觉遵守行为规 范准则和电力法 规的规定	1. 热爱祖国，热爱 本职工作 2. 刻苦学习、钻研 技术 3. 爱护设备、工具 4. 团结协作 5. 遵守纪律，安全 文明 6. 尊师爱徒，严守 岗位职责 7. 电力法规的内容	自学	2
MU2 安全技 术措施及 质量管理	LE2 安全知 识	通过本单元学 习后，了解安全 规定并能做好安 全工作	1. 热工检修人员具 备的条件 2.在检修工作中应 注意的事项 3. 保证安全的技术 措施	自学	2
	LE3 安全技 术措施	通过本单元学 习后，了解安全 的技术措施，并 能做好安全技术 工作	1. 开工作票 2. 设备隔离	自学	2
	LE4 质量管 理知识	通过本单元的 学习，掌握全面 质量管理的定 义，及在生产实 践中的应用	1. 质量管理的起 源、定义 2. QC 小组的任务、 作用 3. 班组管理和生产 技术管理	结合 实际 讲解	4
MU3 热工基 础知识	LE5 热工计 量知识	通过本单元的 学习，掌握热工 计量基本知识	1. 热工计量基本概 念、常用术语标准 2. 法定计量单位及 其换算	自学	4
	LE6 测量误 差知识	通过本单元的 学习，掌握测量 误差分类，表示 方法	1. 系统误差、偶然 误差、疏忽误差的概念 2. 仪表的基本误 差、允许误差、精密 等级、不灵敏区及指 示变差的概念	自学	4

表1　　　　　　　　培　训　大　纲

5

模块序号及名称	单元序号及名称	学习目标	学习内容	学习方式	参考学时
MU3 热工基础知识	LE7 热工测量参数的计算	通过本单元的学习，掌握热工测量中的基本计算，对高级工以上的掌握设计计算	1. 误差计算 2. 测量单位的换算 3. 仪表输入、输出信号间关系的换算	结合实际讲解与自学	10
	LE8 测量元件的设计计算	通过本单元的学习，掌握设计计算	1. 测量系统的误差估算 2. 各种热工测量元件的设计计算	结合实际讲解与自学	4
MU4 电工、电子学知识	LE9 电工、电子学初步知识	通过本单元的学习，掌握电工学、电子学的初步知识，并能进行简单的电路计算	1. 电压、电位、电动势、电功率、电能等基本概念 2. 欧姆定律及其应用 3. 直流电路计算	自学	2
	LE10 电工、电子学基础知识	通过本单元的学习，掌握较复杂的电工、电子学知识，能进行比较复杂的电子电路计算	1. 单相交流电路、正弦量三要素的物理意义 2. 正弦交流电流基本知识及计算 3. 本导体元件的基本工作原理、特性和参数 4. RL，RC 电路知识	自学	4
	LE11 电工、电子学的应用	通过本单元的学习，掌握电工、电子应用电路的分析及计算	1. 简单晶体管放大电路及基本分析方法 2. 交直流放大器的组成和特点 3. 整流、滤波、正弦波振荡器基本工作原理 4. 运算放大器知识 5. 数字电路概念及其应用 6. 前置放大器、A/D、D/A、U/F 转换器、计数器、触发器、译码器的功能和应用	讲解	8

模块序号及名称	单元序号及名称	学习目标	学习内容	学习方式	参考学时
MU4 电工、电子学知识	LE12 电工、电子学在实际中的应用	通过本单元的学习，掌握电子、电器设备的基本知识及其用途	1. 电动机、变压器知识 2. 厂用电系统基本知识	讲解	2
MU5 微机应用	LE13 微机应用一般知识	通过本单元的学习，掌握微机应用的基本知识	1. 微机应用知识 2. 单片机基本结构和分类 3. 接口技术基本知识	讲解	4
	LE14 微机在生产实践中的应用	通过本单元的学习，掌握微机在生产实践中的应用	单片机在智能仪表及分布式数据采集系统中的应用	讲解	2
MU6 数学知识	LE15 拉氏变换在自动控制中的应用	通过本单元的学习，掌握拉氏变换及拉氏反变换的计算对于技师应了解现代控制理论中的Z变换	1. 根据调节系统的特性求出微分方程 2. 运用拉氏变换知识求出系统的传递函数 3. 运用拉氏反变换求解微分方程 4. 运用Z变换知识求出系统的传递函数	讲解	3
MU7 自动调节知识	LE16 热工调节对象的分析	通过本单元的学习，掌握各种调节对象原理及特性	1. 自动调节系统的基本组成及作用 2. 调节过程的品质及指标 3. 典型环节动态特性的一般表示方法 4. 典型环节动态特性的表示方法及系统方框图的等效变换	讲解	10
	LE17 自动调节器整定的基本知识	通过本单元的学习，掌握热工控制调节器的初步整定方法	1. 自动调节器参数整定的概念 2. 调节器动作规律对调节过程的影响 3. 自动调节器参数整定的几种方法 4. 热工对象动态特性试验和数据处理的方法	结合实际讲解	30

7

模块序号及名称	单元序号及名称	学习目标	学习内容	学习方式	参考学时
MU8 自动调节系统	LE18 自动调节系统分析	通过本单元的学习，掌握主要热工自动调节系统的组成、特点及应用范围	1. 主要自动调节系统传递框图的意义及表示方法 2. 远方操作系统的构成及作用 3. 串级控制系统的组成、特点及应用范围 4. 全厂主要热力系统及其运行方式与自动控制系统的关系 5. 前馈控制的概念及前馈控制系统的主要形式 6. 单元机组主控系统的组成及作用原理 7. 分散控制系统中DAS、CCS、SCS、BMS系统的功能及组成 8. DEH 系统的组成结合	实际讲解	25
	LE19 自动调节系统调试	通过本单元的学习，掌握主要热工自动调节系统调试及整定技巧	1. 简单自动调节系统的调试方法及步骤 2. 串级控制系统的整定、调试、检修方法 3. 用试验方法确定调节器的整定参数 4. 前馈调节器的参数整定 5. 用飞升曲线试验法求取调节对象的动态特性 6. 分散控制系统的基本功能、组态及调试方法	结合实际讲解	30
	LE20 自动调节系统故障处理	通过本单元的学习，掌握常用热工自动系统故障分析、处理及改进方法	1. 简单自动调节系统常见故障的处理方法 2. 一般自动调节系统运行不正常的主要原因及故障处理措施 3. 电厂自动调节系统的各种组成方案及其优缺点分析 4. 改善自动调节系统品质的方法	结合实际讲解	15

模块序号及名称	单元序号及名称	学习目标	学习内容	学习方式	参考学时
MU9 自动调节装置	LE21 自动调节装置的基本知识	通过本单元的学习，掌握常用热工自动调节装置的工作原理及流程	1. 简单热工自动装置的结构及工作原理 2. 自动装置所在设备的工艺流程、主要运行参数、测点及执行机构位置 3. 执行机构及调节机构的种类与特性 4. 组装仪表功能组件的分类及作用原理	结合实际讲解	20
	LE22 自动调节装置的使用	通过本单元的学习，掌握常用热工自动调节装置的应用、调试及维修	1. 主要热工自动装置的调试方法 2. 正确填写自动装置检修、调校、维护记录和校验报告 3. 简单热工自动装置的检修、故障判别方法 4. 可编程调节器的操作使用方法 5. 精密设备、仪器的校验、调试知识 6. 常用电子元器件的规格、型号、用途和筛选方法 7. 自动装置维修材料的性能与技术要求 8. 国内外热工自动控制设备的新动态和应用知识	结合实际讲解	40
	LE23 自动调节装置的有关规定	通过本单元的学习，了解热工自动调节装置的有关技术要求	1. 简单热工自动装置的技术指标及检定要求 2. 一般热工自动装置的专业技术规程 3. 调节器信号取样装置及执行机构安装的技术要求	讲解	15
MU10 热工仪表及热工保护知识	LE24 热工仪表	通过本单元的学习，掌握自动仪表原理以及在现代化产生实践中的应用	1. 热工仪表测量元件的原理 2. 热工仪表安装知识	自学及讲解	4

模块序号及名称	单元序号及名称	学习目标	学习内容	学习方式	参考学时
MU10 热工仪表及热工保护知识	LE25 热工保护	通过本单元的学习，掌握热工保护原理及在生产实践中的作用	1. FSSS 系统的作用 2. FSSS 系统的硬件及软件 3. 汽轮机监测保护装置的知识	自学及讲解	6
MU11 热工控制设备安装	LE26 控制设备安装及安装技巧	通过本单元的学习，掌握热工控制设备的安装知识，了解表管、导管、电缆敷设及台、盘配线的要求	1. 一、二次仪表的安装 2. 表管、导管、电缆敷设要求 3. 台、盘配线要求 4. 执行机构的安装要求	结合实际讲解	6
	LE27 控制接线图、原理图的理论知识	通过本单元的学习，掌握热工控制接线图、原理图的解读方法，掌握接线图及原理图的绘制原理	1. 热工控制接线图、原理图的编制原理及图中各符号的意义 2. 控制接线图、原理图的解读方法 3. 新技术、新工艺、新材料和新设备使用的有关知识	结合实际讲解与自学	8
	LE28 控制接线图、原理图的应用	通过本单元的学习，能利用热工控制接线图和原理图分析解决实际工作中碰到的问题，并能根据需要绘制接线图和原理图	1. 接线图、原理图的解读 2. 接线图、原理图的绘制	实际操作	4
	LE29 设备零件加工图的绘制	通过本单元的学习，能利用掌握的机械制图知识绘制设备零件加工图和装配图	1. 机械制图知识 2. 绘制设备零件加工图和装配图	讲课及实际操作	8
MU12 故障处理	LE30 常规故障	通过本单元的学习，掌握常用热工自动装置的故障处理方法	1. 常用热工自动控制装置的性能 2. 常用热工自动控制装置的一般故障	讲解及操作	8

模块序号及名称	单元序号及名称	学习目标	学习内容	学习方式	参考学时
MU12 故障处理	LE31 故障分析	通过本单元的学习，能分析自动装置产生误差的原因	1. 热工设备产生控制误差的原因分析 2. 热工设备运行中产生的疑难问题分析方法	讲解及操作	8
	LE32 故障处理	通过本单元的学习，能分析并处理热工自动装置的各类故障	热工自动装置在实际运行中产生的各类故障的排除方法	实际操作	10
MU13 工器具使用	LE33 工器具的使用	通过本单元的学习，掌握常用调试设备、仪器及工具的保养、使用方法，以及简单的修理方法	1. 常用的调试设备、仪器及工具的一般保养知识 2. 常用调试设备、仪器及工具的使用方法 3. 常用调试设备、仪器及工具的修理	讲解及实际操作	10
	LE34 工器具的调试	通过本单元的学习，掌握调试设备、仪器的校验及修理方法，并能制作专用调试设备	1. 各类调试设备、仪器的校验和修理技巧 2. 专用调试设备制作	实际操作	10
MU14 备品、备件	LE35 备品、备件的使用	通过本单元的学习，掌握备品、备件的选择和使用方法	如何正确选择和使用常用原材料、备品、备件	讲解	2
	LE36 备品、备件计划	通过本单元的学习，能熟练提供备品、备件性能、规格等技术参数，并能编制备品、备件计划	1. 新技术、新工艺、新材料和新设备的应用 2. 原材料、备品、备件的规格、性能及使用方法 3. 制订原材料、备品、备件计划	结合实际讲解	4

模块序号及名称	单元序号及名称	学习目标	学习内容	学习方式	参考学时
MU15 发电厂基础知识	LE37 热工生产过程知识	通过本单元的学习,了解热力生产过程基本知识及其在电厂生产运行中所起的作用	1. 发电厂热力生产过程知识 2. 发电厂原则性热力和全面性热力系统知识 3. 主要热力设备的结构、运行参数及基本工作原理	自学	2
	LE38 热工参数、控制设备及热力设备在电厂生产运行中所起的作用	通过本单元的学习,了解热工控制设备在热力生产过程中的重要性,掌握主要热力设备的结构、工作原理及热工参数对运行工况的影响	1. 热工控制设备在热力生产过程中的作用 2. 主要热力设备的结构及工作原理 3. 主要热工参数及对运行工况的影响	自学及讲解	4
MU16 钳工工艺	LE39 钳工知识	通过本单元的学习,掌握普通量具的使用方法,掌握划线、锉削锯割、钻孔、攻丝等基本钳工知识	1. 量具的使用 2. 钳工基本工艺知识	讲解	4
	LE40 钳工工艺	通过本单元的学习,学会划线、锉削锯割、钻孔、攻丝等基本钳工工艺	学习划线、锉削锯割、钻孔、攻丝等钳工操作	现场实习	10
MU17 生产技术管理	LE41 生产技术管理	通过本单元的学习,学会一般的生产技术管理方法,如班组资料、图纸保管、专业文献查阅等	生产技术管理一般方法	结合实际讲解	2
	LE42 生产技能及工艺传授	通过本单元的学习,要求高一级的工程技术人员能对下一级进行技术指导和技术培训	基本技能和工艺传授	实际操作	2

表2　**职业技能模块及学习单元对照选择表**

模块	MU1	MU2	MU3	MU4	MU5	MU6	MU7	MU8	MU9	MU10	MU11	MU12	MU13	MU14	MU15	MU16	MU17
内容	发电厂检修人员职业道德	安全技术措施及质量管理	热工基础知识	电工、电子学知识	微机应用	数学知识	自动调节知识	自动调节系统知识	自动调节装置	热工仪表及热工保护知识	热工控制设备安装	故障处理	工器具使用	备品备件	发电厂基础知识	钳工工艺	生产技术管理
参考学时	2	8	22	16	6	3	40	70	75	10	26	26	20	6	6	14	4
适用等级	初级、中级、高级、技师、高级技师	初级、中级、高级、技师、高级技师	初级、中级、高级、技师、高级技师	初级、中级、高级、技师、高级技师	初级、中级、高级、技师、高级技师	初级、中级、高级、技师、高级技师	初级、中级、高级、技师、高级技师	初级、中级、高级、技师、高级技师	初级、中级、高级、技师、高级技师	初级、中级、高级、技师、高级技师	初级、中级、高级、技师、高级技师	初级、中级、高级、技师、高级技师	初级、中级、高级、技师、高级技师	高级、技师、高级技师	初级、中级、高级、技师、高级技师	初级、中级	高级、技师、高级技师
LE学习单元选择　初级	1	2	5、6	9、10	13	15	16、17	18、19	21	24、25	26、27、28、29	30	33		37		
中级	1	2、3	5、6、7	9、10、11	13	15	16、17	18、19、20	21、22	24、25	26、27、28、29	30、31	33		37、38	39、40	
高级	1	2、3	5、6、7、8	9、10、11、12	13、14	15	16、17	18、19、20	21、22、23	24、25	26、27、28、29	30、31、32	33、34	35、36	37、38		41、42
技师	1	2、3、4	5、6、7、8	9、10、11、12	13、14	15	16、17	18、19、20	21、22、23	24、25	26、27、28、29	30、31、32	33、34	35、36	37、38		41、42
高级技师	1	2、3、4	5、6、7、8	9、10、11、12	13、14	15	16、17	18、19、20	21、22、23	24、25	26、27、28、29	30、31、32	33、34	35、36	37、38		41、42

表3　　　　　　　学习单元名称表

单元序号	单元名称	单元序号	单元名称
LE1	热工自动装置检修人员的职业道德及电力法规	LE22	电动调节装置的使用
LE2	安全知识	LE23	自动调节装置的有关规定
LE3	安全技术措施	LE24	热工仪表
LE4	质量管理知识	LE25	热工保护
LE5	热工计量知识	LE26	控制设备安装及安装技巧
LE6	测量误差知识	LE27	控制接线图、原理图的理论知识
LE7	热工测量参数的计算	LE28	控制接线图、原理图的应用
LE8	测量元件的设计计算	LE29	设备零件加工图的绘制
LE9	电工、电子学初步知识	LE30	常规故障
LE10	电工、电子学基础知识	LE31	故障分析
LE11	电工、电子学的应用	LE32	故障处理
LE12	电工、电子学在实际中的应用	LE33	工器具的使用
LE13	微机应用一般知识	LE34	工器具的调试
LE14	微机在生产实践中的应用	LE35	备品、备件使用
LE15	拉氏变换在自动控制中的应用	LE36	备品、备件计划
LE16	热工调节对象的分析	LE37	热工生产过程知识
LE17	自动调节器整定的基本知识	LE38	热工参数、控制设备及热力设备在电厂生产运行中所起的作用
LE18	自动调节系统分析	LE39	钳工知识
LE19	自动调节系统调试	LE40	钳工工艺
LE20	自动调节系统故障处理	LE41	生产技术管理
LE21	自动调节装置的基本知识	LE42	生产技能及工艺传授

3 职业技能鉴定

3.1 鉴定要求

鉴定内容和考核双向细目表按照本职业《国家职业标准》执行。

3.2 考评人员

考评人员是在规定的工种（职业）、等级和类别范围内，依据国家职业技能鉴定规范和国家职业技能鉴定试题库电力行业分库试题，对职业技能鉴定对象进行考核、评审工作的人员。

考评人员分考评员和高级考评员。考评员可承担初、中、高级技能等级鉴定；高级考评员可承担初、中、高级技能等级和技师、高级技师资格考评。其任职条件是：

3.2.1 考评员必须具有高级工、技师或者中级专业技术职务以上的资格，具有 15 年以上本工种专业工龄；高级考评员必须具有高级技师或者高级专业技术职务的资格，取得考评员资格并具有 1 年以上实际考评工作经历。

3.2.2 掌握必要的职业技能鉴定理论、技术和方法，熟悉职业技能鉴定的有关法律、法规和政策，有从事职业技术培训、考核的经历。

3.2.3 具有良好的职业道德，秉公办事，自觉遵守职业技能鉴定考评人员守则和有关规章制度。

鉴定试题库

4

4.1 理论知识（含技能笔试）试题

4.1.1 选择题

下列每题都有 4 个答案，其中只有一个正确答案，将正确答案填在括号内。

La5A1001 体积流量的单位名称是（**B**）。

（A）每秒立方米；（B）立方米每秒；（C）每立方米秒；（D）立方米秒。

La5A1002 国际单位制中基本单位有（**B**）种。

（A）3；（B）7；（C）6；（D）5。

La5A1003 直接用于测量的计量器具称为（**C**）。

（A）计量基准器具；（B）计量标准器具；（C）工作计量器具；（D）测量计量器具。

La5A1004 调节系统的整定就是根据调节对象调节通道的特性确定（**B**）参数。

（A）变送器；（B）调节器；（C）执行器；（D）传感器。

La5A2005（**D**）是表征仪表的主要质量指标之一。

（A）绝对误差；（B）相对误差；（C）引用误差；（D）基

本误差。

La5A2006 （**B**）是现代科学技术所能达到的最高准确度等级。

（A）计量标准器具；（B）国家基准；（C）工作计量器具；（D）最高计量标准。

La5A3007 精确度为 **1/20** 的游标卡尺，其主尺与副尺每格刻度相差（**C**）mm。

（A）0.5；（B）0.1；（C）0.05；（D）0.01。

La5A3008 下列关于电压的描述中，（**A**）是正确的。

（A）衡量电场力转移电荷做功的能力的物理量；（B）电压的单位为焦耳；（C）电压的方向是从低位能指向高位能；（D）电压的大小与电荷绕行的途径有关。

La5A3009 下列关于电位的描述中，（**D**）是不正确的。

（A）电位是个代数量；（B）当参考点不同时，各点的电位也随之改变，但各点间的电压不变；（C）参考点的标示符号一般为电气"地"的符号；（D）两点间的电压为它们的代数和。

La5A3010 在负荷中，电流的方向与电压的方向总是（**A**）的。

（A）相同；（B）相反；（C）视具体情况而定；（D）任意。

La5A3011 根据电阻定律，线性电阻的大小与（**D**）有关。

（A）电流；（B）电压；（C）电位；（D）材料。

La5A3012 电阻串联时，当支路两端施加一定的电压时，各电阻上的电压为（**A**）。

(A) 电阻越大，电压越大；(B) 电阻越大，电压越小；
(C) 电阻越小，电压越大；(D) 与电阻的大小无关。

La5A3013 下列有关几个电阻并联的陈述中，(D) 是正确的。
(A) 支路电阻越大，电压越大；(B) 支路电阻越大，电压越小；(C) 支路电阻越大，电流越大；(D) 支路电阻越小，电流越大。

La5A3014 已知三个等值电阻接成 Y 型，若将其转化成等效的三角形接法，则对应的三个电阻将 (B)。
(A) 变小；(B) 变大；(C) 不变；(D) 两个变大，一个变小。

La5A3015 正弦交流电的三要素为 (C)。
(A) 电压、电流、功率；(B) 有效值、频率、相位；(C) 幅值、频率、初相位；(D) 幅值、有效值、相位差。

La5A3016 在交流电压中，频率代表 (A)。
(A) 电压变化的快慢；(B) 电压的大小；(C) 初相位的大小；(D) 完成一个循环所需的时间。

La5A3017 当正弦量交流电压作用于一实际电感元件时，元件中流过的电流 (B)。
(A) 滞后电压 90°；(B) 滞后电压 0°～90°；(C) 超前电压 0°～90°；(D) 超前电压 90°。

La5A3018 交流电路中，电容的容抗与 (C) 成反比。
(A) 电压的大小；(B) 电流的大小；(C) 频率的大小；(D) 电动势的大小。

La5A3019 在交流电路中,电阻两端的电压与流过电阻的电流（**B**）。

（A）大小相等；（B）相位差为零；（C）方向相反；（D）成反比。

La5A3020 在堵转情况下,交流异步电动机的转差率为（**C**）。

（A）0；（B）0.5；（C）1；（D）1.5。

La5A3021 在交流放大电子电路中,级间电容器的一般作用是（**C**）。

（A）储能；（B）反馈；（C）隔直；（D）整流。

La5A3022 晶体管放大电路中,射极跟随器的电压放大倍数为（**B**）。

（A）远小于1；（B）约等于1；（C）远大于1；（D）随管子的放大倍数而定,一般为20~30倍。

La5A3023 如果要求放大电路有高的输入电阻,宜采用（**B**）。

（A）电压负反馈；（B）串联负反馈；（C）电流正反馈；（D）电流负反馈。

La5A3024 进行 SCR 脱硝系统性能验收试验时,必须进行测量的数据是（**B**）。

（A）NO_x；（B）CO_2；（C）SO_x；（D）NH_3。

La5A4025 下列不会发出 MFT 信号的情况是（**A**）。

（A）一台送风机或引风机停止运行；（B）全炉膛灭火；（C）炉膛压力高三值或低三值；（D）汽包水位高三值或低三值。

La5A4026 自动保护装置的作用是：当设备运行工况发生异常或某些参数超过允许值时，发出报警信号，同时（**B**）避免设备损坏和保证人身安全。

（A）发出热工信号；（B）自动保护动作；（C）发出事故信号；（D）发出停机信号。

La5A4027 甲类单管功率放大器的静态工作点位于（**B**）。
（A）截止区；（B）放大区；（C）饱和区；（D）任意。

La5A4028 单元机组在协调控制方式下，下列说法不对的是（**B**）。

（A）可以参加电网调频；（B）机前压力由运行人员手动保持；（C）可以接受 AGC 指令；（D）可以接受机组值班员手动负荷指令。

La4A1029 十进制数 101 的二进制码为（**C**）。
（A）101；（B）100101；（C）1100101；（D）11100101。

La4A1030 在运算放大电路中，（**C**）漂移是漂移的主要来源。
（A）输入失调电压温度；（B）输入失调电流温度；（C）温度；（D）电压。

La4A1031 运算放大器的内部由（**A**）组成。
（A）差动式输入级、电压放大级、输出级；（B）差动式输入级、电流放大级、输出级；（C）甲类输入级、电压放大级、输出级；（D）乙类输入级、电流放大级、输出级。

La4A2032 LC 振荡器和 RC 振荡器的工作原理基本相同，但 LC 振荡器产生的频率（**A**）。

（A）较高；（B）较低；（C）极低；（D）时高时低。

La4A2033 在直流放大电路中，当电流放大倍数因温度上升而增大时，静态工作点将（**A**）。

（A）上移；（B）不变；（C）下移；（D）变化不定。

La4A2034 在单相桥式整流电路中，晶闸管的移相范围为（**D**）。

（A）0°～90°；（B）0°～120°；（C）0°～150°；（D）0°～180°。

La4A2035 三相异步电动机正常工作时，鼠笼绕组中电流为（**B**）。

（A）直流电；（B）交流电，频率较低；（C）交流电，频率较高；（D）交流电，与三相电源同频率。

La4A2036 在变压器中，铁芯的主要作用是（**B**）。

（A）散热；（B）磁路主通道；（C）绝缘绕组与外壳支架；（D）变换电压。

La4A2037 在三相对称正弦交流电路中，三相间的相位差为（**B**）。

（A）0°；（B）120°；（C）150°；（D）以上都是。

La4A2038 在三相对称正弦交流电路中，Y 型连接的中性点电位为（**D**）。

（A）线电压；（B）相电压；（C）100V；（D）0。

La4A2039 在三相对称正弦交流电路中，线电流的大小为相电流大小的（**D**）倍。

（A）1；（B）1.414；（C）1.732；（D）1.732 或 1。

La4A2040 在三相对称正弦交流电路中,线电压的大小是相电压大小的（**D**）倍。

（A）1；（B）1.414；（C）1.732；（D）1.732 或 1。

La4A3041 RL 串联电路的时间常数为（**B**）。

（A）RL；（B）L/R；（C）R/L；（D）$1/(RL)$。

La4A3042 RC 串联电路的时间常数为（**A**）。

（A）RC；（B）C/R；（C）R/C；（D）$1/(RC)$。

La4A3043 功率放大器最重要的指标是（**A**）。

（A）输出功率和效率；（B）输出电压的幅度；（C）电压放大倍数；（D）输入、输出电阻。

La4A3044 两个 10Ω的电阻并联后再与一个 10Ω的电阻串联,其等效电阻为（**C**）Ω。

（A）5；（B）10；（C）15；（D）20。

La4A3045 三极管的电流放大系数是指（**B**）的比值。
（A）集电极电流与射极电流；（B）集电极电流与基极电流；（C）射极电流与基极电流；（D）射极电流与集电极电流。

La4A3046 在选用二极管时,其特性参数中的最大整流电流是指（**A**）。

（A）长期运行时,允许通过的最大正向平均电流；（B）长期运行时,允许通过的最大电流；（C）长期运行时,允许通过的最大电流的有效值；（D）长期运行时,允许通过的最大交流电流。

La4A3047 带感性负荷的晶闸管直流整流电路中，与负荷并联的二极管的作用是（**D**）。

（A）整流；（B）滤波；（C）放大信号；（D）续流。

La3A1048 *U/F* 转换器的作用是（**C**）。

（A）实现电压变换；（B）实现数/模转换；（C）实现电压—频率转换；（D）实现模/数转换。

La3A1049 电信号用的气动执行机构一般有（**D**）保护。

（A）断电；（B）断气；（C）断信号；（D）以上三种情况都有。

La3A1050 根据欧姆定律可以看出，电阻元件是一个（**C**）元件。

（A）记忆；（B）储能；（C）耗能；（D）线性。

La3A1051 根据 GB 13223—2003《火电厂大气污染物排放标准》，火电厂大气污染物的监测应在机组运行负荷的（**C**）以上进行。

（A）50%；（B）60%；（C）75%；（D）80%。

La3A2052 根据 GB 13223—2003《火电厂大气污染物排放标准》，燃煤锅炉的过量空气系数按（**A**）进行折算。

（A）1.4；（B）1.2；（C）1.1；（D）3.5。

La3A2053 线性系统最重要的特性是（**C**）。

（A）方程的系数是常数；（B）方程的系数仅仅是自变量的函数；（C）可运用叠加原理；（D）不能用叠加原理。

La3A2054 线性定常系统的传递函数是（**D**）。

（A）输出的拉氏变换比输入的拉氏变换；（B）零初始条件下，输出的拉氏变换与输入的拉氏变换之比；（C）零初始条件下，输入的拉氏变换比输出的拉氏变换；（D）零初始条件下，输出的拉氏变换比输入的拉氏变换。

La3A2055 一阶系统的传递函数为 2/（S+0.25），其常数为（B）。

（A）0.25；（B）4；（C）2；（D）8。

La3A2056 一系统对斜坡输入的稳态误差为零，则该系统是（C）。

（A）0 型系统；（B）I 型系统；（C）II 型系统；（D）无法确定。

La3A2057 在利用网孔法求解复杂电路时，网孔电流是（C）。

（A）彼此相关的一组量；（B）实际在网孔中流动的电流；（C）彼此独立的一组量；（D）支路电流。

La3A2058 对欠阻尼系统，为提高系统相对稳定性，可以（C）。

（A）增大系统的固有频率；（B）减小系统固有频率；（C）增加阻尼；（D）减小阻尼。

La3A3059 线性系统的传递函数 G（S）是（C）。

（A）随着输入的改变而变化；（B）代表了系统本身的物理结构；（C）取决于系统本身的动态特性，仅与系统的结构、参数有关；（D）与初始条件有关。

La3A3060 光电二极管常用于光的测量，它的反向电流随光照强度的增加而（C）。

（A）下降；（B）不变；（C）上升；（D）以上三项均有可能。

Lb5A1061 自然循环汽包锅炉没有的设备是（C）。

（A）顶棚过热器；（B）一级减温器；（C）炉水循环泵；（D）省煤器。

Lb5A1062 目前我国采用的温标是（D）。

（A）摄氏温标；（B）华氏温标；（C）IPTS-68 温标；（D）ITS-90 温标。

Lb5A1063 精确度用来反映仪表测量（A）偏离真值的程度。

（A）误差；（B）结果；（C）方法；（D）处理。

Lb5A1064 下列测量元件中不是用于测量流量的是（C）。

（A）笛形管；（B）毕托管；（C）应变片；（D）浮子。

Lb5A1065 测振仪器中的某放大器的放大倍数 K 随频率上升而（A），这样的放大器称微分放大器。

（A）增加；（B）减少；（C）恒定；（D）不确定。

Lb5A2066 在方框图中，指向方框的箭头表示（A），是引起变化的原因。

（A）输入信号；（B）输出信号；（C）被调量信号；（D）以上都不是。

Lb5A3067 在汽包水位的三冲量控制系统中，前馈信号是（B）。

（A）汽包水位信号；（B）蒸汽流量信号；（C）给水流量信号；（D）汽包压力信号。

Lb5A3068 燃煤电厂 SCR 系统脱硝效率低的原因不可能的是（**B**）。

（A）出口 NO_x 值偏高；（B）燃煤机组负荷高；（C）氨分布不均匀；（D）催化剂失效。

Lb5A3069 调节就是抵消扰动的影响，使调节变量恢复到（**B**）。

（A）初始值；（B）给定值；（C）恒定值；（D）标准值。

Lb5A3070 控制电缆使用电压为交流（**C**）V 以下，或直流 **1000V** 及以下。

（A）750；（B）380；（C）500；（D）600。

Lb5A3071 根据欧姆定律，相同的电压作用下，（**B**）。

（A）电阻越大，电流越大；（B）电阻越大，电流越小；（C）电阻越小，电流越小；（D）电流大小与电阻无关。

Lb5A3072 对设备进行内部清洗、润滑、局部解体检查和调整，称为（**C**）保养。

（A）日常；（B）一级；（C）二级；（D）三级。

Lb5A3073 下列热工信号属于非电量的是（**C**）。

（A）远方阀门开度指令；（B）阀门位置的反馈信号；（C）气动定位器的输出信号；（D）1151 变送器的输出信号。

Lb5A3074 平垫圈主要是为了增大（**B**），保护被连接件。

（A）摩擦力；（B）接触面积；（C）紧力；（D）螺栓强度。

Lb5A4075 对于金属管,仪表管子弯曲半径不应小于其外径的（A）倍。

（A）3；（B）3.5；（C）4；（D）4.5。

Lb5A4076 对于塑料管或尼龙管,仪表管子弯曲半径不应小于其外径的（D）倍。

（A）3；（B）3.5；（C）4；（D）4.5。

Lb5A4077 直吹式制粉系统是以（A）调节锅炉的燃料量。

（A）给煤机；（B）煤场转运站；（C）磨煤机；（D）煤粉仓。

Lb5A4078 在控制过程中手/自动切换时的最基本要求是（B）。

（A）控制系统能稳定运行；（B）无扰动；（C）切换时的扰动量必须在规定范围内；（D）根据当时运行工况而定。

Lb5A5079 水平安装的测温元件,若插入深度大于（C）m时,应有防止保护套管弯曲的措施。

（A）0.5；（B）0.8；（C）1；（D）1.2。

Lb5A5080 下列情况不属于热工保护的是（D）。

（A）MFT；（B）汽轮机振动大跳机；（C）凝汽器保护动作；（D）发电机出口断路器跳闸。

Lb5A5081 尾部烟道调节挡板通常安装在（C）。

（A）高温过热器与低温过热器之间；（B）低温过热器与省煤器之间；（C）省煤器与空气预热器之间；（D）空气预热器与静电除尘器之间。

Lb5A5082 电磁阀在安装前应进行校验检查,铁芯应无卡涩现象,绕组与阀间（**D**）应合格。

（A）间隙；（B）固定；（C）位置；（D）绝缘电阻。

Lb4A2083 不是调节控制再热汽温采用的方式为（**C**）。

（A）喷水减温；（B）烟气挡板调节；（C）调整二次风门；（D）摆动燃烧器。

Lb4A2084 在标准节流件中,孔板的压损最大。在发电厂中,为保证运行的经济性,对压损有严格限制。压损一般不允许超过（**A**）kPa。

（A）60；（B）40；（C）80；（D）100。

Lb4A3085 综合监视过程各站所有信息,集中显示、操作、控制回路组态和参数修改、优化过程处理是分散控制系统哪一级的主要任务：（**B**）。

（A）直接控制级；（B）过程管理级；（C）生产管理级；（D）经营管理级。

Lb4A3086 DCS 装置本身只是一个软件、硬件的组合体,只有经过（**A**）以后才能成为真正适用于生产过程的应用控制系统。

（A）软、硬件组态；（B）程序下载；（C）程序编写；（D）程序编译。

Lb4A3087 今有恒节流孔两个,其孔径相同,但孔的长度 A 大于 B,则在相同压差下,流过的流量是（**B**）。

（A）$A>B$；（B）$A<B$；（C）$A=B$；（D）无法确定。

Lb4A3088 今有恒节流孔两个,其孔径相同,但孔的长度

A 大于 B，则在相同压差下，A 的气阻（A）。

（A）大于 B；（B）小于 B；（C）等于 B；（D）无法确定。

Lb4A3089 影响蒸汽温度变化的主要因素有（C）等。

（A）给水流量、蒸汽流量；（B）蒸汽流量、凝结水流量；（C）蒸汽流量、减温水量；（D）凝结水流量、减温水量。

Lb4A3090 当某机组高压加热器水位（C）时，立即自动解列高压加热器，并关闭高压加热器进汽阀和止回阀。

（A）低于正常水位；（B）高于正常水位；（C）高于跳高压加热器水位给定值；（D）低于跳高压加热器水位给定值。

Lb4A3091 热控 DCS 系统电子设备间的环境温度宜保持在 18~24℃，温度变化率应小于或等于（A）℃/h。

（A）5；（B）4；（C）3；（D）6。

Lb4A4092 在汽轮机保护项目中，不包括（C）保护。

（A）轴承振动大；（B）低真空；（C）进汽温度高；（D）低油压。

Lb4A4093 属于标准节流件的是（A）。

（A）文丘利管；（B）偏心孔板；（C）翼形动压管；（D）以上都是。

Lb4A4094 系统的幅频特性、相频特性取决于（B）。

（A）系统的输入；（B）系统本身的结构和参数；（C）系统的输出；（D）初始条件。

Lb4A4095 投入运行的机组模拟量控制系统应定期做扰动试验，除定期试验外，机组在（D）后也应做扰动试验。

（A）设备大修；（B）控制策略变动；（C）调节参数有较大修改；（D）以上三种情况都是。

Lb4A4096 为使放大电路输入阻抗增加，输出阻抗减小，应采用（**A**）。

（A）串联电压负反馈；（B）并联电压负反馈；（C）串联电流负反馈；（D）并联电流负反馈。

Lb3A2097 有利于调节系统稳定工作的调节阀门静特性是（**B**）。

（A）直线特性；（B）抛物线特性；（C）快开特性；（D）以上都不是。

Lb3A3098 如需要振荡频率稳定度十分高的矩形波应采用（**D**）。

（A）施密特触发器；（B）单稳态触发器；（C）多谐振荡器；（D）石英晶体多谐振荡器。

Lb3A3099 振弦式变送器把被测压力（差压）的变化转化为（**C**）变化的敏感元件，是变送器的关键元件。

（A）电流；（B）电压；（C）频率；（D）相位。

Lb3A3100 以汽轮机跟随为基础的协调方式中,下列说法正确的为（**A**）。

（A）汽轮机调汽压，锅炉调功率；（B）汽轮机调功率，锅炉调汽压；（C）锅炉在手动方式，汽轮机在自动方式；（D）功率响应快，汽压波动大。

Lb3A3101 变频器的调速原理是通过改变输入信号的（**D**）来达到改变电动机的转速。

（A）频率；（B）相位；（C）电压；（D）以上都要变化。

Lb3A3102　在分散控制系统中，DEH 控制调门的卡为**（C）**。

（A）模拟量输入卡；（B）模拟量输出卡；（C）伺服控制卡；（D）转速控制卡。

Lb3A3103　根据《火力发电厂设计技术规程》，**（A）**容量机组的协调控制系统运行方式宜包括机炉协调、机跟踪、炉跟踪和手动运行方式。

（A）300MW 及以上；（B）300MW；（C）200MW 及以上；（D）200MW。

Lb3A3104　有一个与热电偶配套使用的测温变送器，当热电偶断电后，温度变送器的输出为**（C）**。

（A）小于下限值；（B）某一数值；（C）大于上限值；（D）保持原有信号。

Lb3A3105　热工调节对象具有 **（B）** 三个结构性质。

（A）容量系数、阻力、惯性；（B）容量系数、阻力、传递距离；（C）惯性、阻力、传递距离；（D）容量系数、惯性、传递距离。

Lb3A3106　当再热汽压与设定值之偏差超过允许设定限制时，高速打开**（A）**。

（A）低压旁路阀和低压旁路喷水阀；（B）高压旁路阀和高压旁路喷水阀；（C）低压旁路阀和高压旁路阀；（D）低压旁路喷水阀和高压旁路喷水阀。

Lb3A4107　在网络技术中，信息传递的基本单元为**（A）**。

（A）包；（B）帧；（C）字节；（D）以上都是。

Lb2A2108 滑压控制方式其最大的优点在于（A）。
（A）减少了蒸汽在调门处的节流损失；（B）提高了汽轮机本体的热效率；（C）汽包水位控制较容易；（D）主蒸汽温度容易维持恒定。

Lb2A2109 AGC 系统是通过（B）作用于单元机组的。
（A）DAS；（B）CCS；（C）FSSS；（D）DEH。

Lb2A2110 星形网络结构特点是（A）。
（A）各站有主从之分，全部信息都通过主站；（B）各站无主从之分；（C）各站有的分主从，有的不分主从；（D）各站有主从之分，全部信息都通过从站。

Lb2A3111 直线结构特性的阀门在变化相同行程的情况下，在阀门小开度时要比在大开度时对系统的调节影响（A）。
（A）大；（B）小；（C）相等；（D）无法确定。

Lb2A3112 分散控制系统中字的格式，都是由（D）几部分组成的。
（A）地址段、信息段；（B）标志段、地址段、信息段；（C）地址段、信息段、检验段；（D）标志段、地址段、信息段、检验段。

Lb1A3113 汽轮机调节系统的作用是调节汽轮发电机组的（B）。
（A）输出电压和转速；（B）功率和转速；（C）输出电流和输出电压；（D）功率和输出电压。

Lb1A3114 在协调控制回路中使用非线性组件的目的是（**D**）。

（A）提高机组对负荷变化的响应能力；（B）充分利用锅炉的蓄热；（C）减小主汽压在调节过程中过大变化；（D）以上都是。

Lc5A1115 火电厂高压加热器是利用汽轮机抽汽来加热（**A**）。

（A）给水；（B）凝结水；（C）疏水；（D）炉水。

Lc5A1116 凡在离地面（**A**）m 以上的地点进行的工作都应视作高处作业。

（A）1.5；（B）2；（C）2.5；（D）3。

Lc5A1117 工作人员接到违反安全规程的命令，应（**C**）。

（A）服从命令；（B）执行后向上级汇报；（C）拒绝执行并立即向上级报告；（D）向上级汇报后再执行。

Lc5A2118 工作票签发人（**B**）兼任工作负责人。

（A）可以；（B）不得；（C）经领导批准可以；（D）事故抢修时可以。

Lc5A3119 汽轮机是一种将（**C**）的高速旋转的原动机。

（A）热能转换成电能；（B）动能转换成电能；（C）热能转换成动能；（D）电能转换成动能。

Lc4A2120 胸外按压与口对口人工呼吸同时进行，单人抢救时，每（**C**）。

（A）按压 5 次后，吹气 3 次；（B）按压 3 次后，吹气 1 次；（C）按压 15 次后，吹气 2 次；（D）按压 15 次后，吹气 1 次。

Lc4A2121 DCS 的接地应符合制造厂的技术条件和有关标准的规定。当 DCS 与电厂电力系统共用一个接地网时，控制系统接地线与电气接地网只允许有一个连接点，且接地电阻小于（**A**）Ω。

（A）0.5；（B）0.8；（C）1；（D）2。

Lc4A2122 主厂房内架空电缆与热体管路应保持足够的距离，控制电缆不小于（**B**）m。

（A）0.8；（B）0.5；（C）1；（D）0.6。

Lc4A2123 现阶段的质量管理体系称为（**D**）。

（A）统计质量管理；（B）检验员质量管理；（C）一体化质量管理；（D）全面质量管理。

Lc4A2124 根据我国检修管理水平和设备的实际情况，现阶段仍要贯彻（**C**）的方针。

（A）百年大计、质量第一；（B）应修必修、修必修好；（C）预防为主、计划检修；（D）安全第一、该修必修。

Lc4A3125 火电厂中，抽汽止回阀的主要作用是（**B**）。

（A）阻止蒸汽倒流；（B）保护汽轮机；（C）保护加热器；（D）快速切断汽源。

Lc4A3126 冷加工后的钢材，其强度（**C**）。

（A）基本不变；（B）减小；（C）增大；（D）和原来一样。

Lc4A3127 分析质量数据的分布情况，用（**C**）。

（A）控制图；（B）排列图；（C）直方图；（D）因果图。

Lc4A3128 金属材料的基本性能包括使用性能和（**D**）两

个方面。

（A）化学性能；（B）物理性能；（C）机械性能；（D）工艺性能。

Lc4A4129 现场施工中，攀登阶梯的每档距离不应大于（**B**）cm。

（A）30；（B）40；（C）45；（D）60。

Lc4A4130 给水回热系统各加热器的抽汽要装止回阀的目的是（**A**）。

（A）防止蒸汽倒流；（B）防止给水倒流；（C）防止凝结水倒流；（D）以上都不是。

Lc4A4131 设备对地电压在（**A**）V 以上者，称为高压设备。

（A）250；（B）380；（C）6000；（D）500。

Lc3A2132 汽轮机定压运行时采用（**B**），以达到减少节流损失的目的。

（A）节流调节；（B）喷嘴调节；（C）节流喷嘴调节；（D）以上都不是。

Lc2A2133 质量管理的发展分（**B**）个阶段。

（A）4；（B）5；（C）6；（D）8。

Lc2A2134 在质量管理中，当需要把杂乱无章和错综复杂的数据和意见加以归纳汇总，以确切反映客观事实时，通常采用画（**C**）的方法。

（A）因果图；（B）圆饼图；（C）分层图；（D）流程图。

Lc2A3135 对于直流锅炉，在启动过程中为避免不合格工质进入汽轮机并回收工质和热量，必须另设（**B**）。

（A）汽轮机旁路系统；（B）启动旁路系统；（C）给水旁路系统；（D）高压加热器旁路系统。

Lc2A3136 300～600MW 以下机组在上级电力管理部门批准期限内因计算机控制保护装置或单项热工保护装置动作跳闸，引起发电机停运，超过（**C**）h 定为一类障碍。

（A）6；（B）4；（C）3；（D）2。

Lc2A3137 各级监督管理机构考核电厂的重要指标之一"三率"是指（**B**）。

（A）修复率、投入率、合格率；（B）完好率、投入率、合格率；（C）完好率、修复率、投入率；（D）完好率、合格率、修复率。

Lc2A3138 热工监督"三率"指标应达到如下要求：仪表准确率、保护投入率、自动投入率分别不低于（**D**）。

（A）100%、99%、95%；（B）100%、100%、97%；（C）95%、95%、95%；（D）100%、100%、95%。

Lc2A3139 热工自动调节设备需评定级别或升级时，其投入累计时间占主设备运行时间的（**B**）以上方可列入统计。

（A）75%；（B）80%；（C）85%；（D）90%。

Lc2A3140 发电厂、供电局安全检察机构的成员人数应按职工总数的（**A**）人。

（A）3‰～5‰配备，但不少于 3；（B）4‰～6‰配备，但不少于 5；（C）2‰～5‰配备，但不少于 4；（D）5‰～8‰配备，但不少于 5。

Lc1A3141　热电偶输出电压与（D）有关。

（A）电偶两端温度；（B）热电偶热端温度；（C）热电偶两端温度和电极材料；（D）热电偶两端温度、电极材料及长度。

Lc1A3142　下列不包括在全面质量管理内涵之内的是（D）。

（A）具有先进的系统管理思想；（B）强调建立有效的质量体系；（C）其目的在于用户和社会受益；（D）其目的在于企业受益。

Lc1A3143　当（D）发生时，电厂FGD系统将紧急停运。

（A）FGD入口烟气温度异常高；（B）增压风机跳闸；（C）GGH跳闸；（D）以上任何一种情况。

Jd5A1144　MEH系统的核心是（B）控制回路。

（A）锅炉自动；（B）转速自动；（C）手动；（D）调门开度。

Jd5A1145　3/8in=（B）mm。

（A）10.56；（B）9.53；（C）8.76；（D）8.50。

Jd5A2146　几个串联环节的等效环节的放大系数，等于各串联环节各自的放大系数之（B）。

（A）代数和；（B）乘积；（C）算术和；（D）乘积倒数。

Jd5A2147　在锯工上安装锯条时，锯条的齿应（B）安装。

（A）朝上；（B）朝下；（C）朝上、朝下都可以；（D）根据实际情况而定。

Jd5A2148　用锉刀光整平面时，可将锉刀横过来沿工件推动，前进方向应（**A**）。

（A）顺锉纹；（B）逆锉纹；（C）与锉纹成 45°；（D）顺、逆锉纹都可以。

Jd5A2149 使用砂轮机时，人站在与砂轮机中心线成（**B**）的地方。

（A）30°；（B）45°；（C）60°；（D）75°。

Jd5A3150 某一三相异步电动机的磁极对数为 3，则该电动机的额定转速为（**B**）r/min。

（A）1500；（B）1000；（C）500；（D）以上都可以。

Jd5A3151 将 10.70 修约到小数点后一位（取偶数），结果得（**C**）。

（A）10.6；（B）10.4；（C）10.8；（D）10.7。

Jd5A4152 交流调速中主要是采用（**A**）调速方法。

（A）变频；（B）调压；（C）调相；（D）以上都可以。

Jd5A4153 数字 0.0520 中的有效数字有（**C**）位。

（A）5；（B）4；（C）3；（D）2。

Jd4A2154 砂轮机砂轮片的有效半径磨损至原有半径的（**B**）就必须更换。

（A）1/2；（B）1/3；（C）2/3；（D）1/4。

Jd3A3155 在钳工台上使用照明灯具时，电压不得超过（**D**）V。

（A）220；（B）110；（C）24；（D）36。

Jd1A2156 两个二阶系统的超调量 M_p 相等，则此二阶系统具有相同的（**B**）。

（A）ω_n；（B）ζ；（C）K；（D）ω_d。

Je5A1157 用于气动调节执行机构的控制信号气压力信号的范围是（**B**）kPa。

（A）$10\sim200$；（B）$20\sim100$；（C）$50\sim200$；（D）$100\sim200$。

Je5A2158 若 $\psi=1$，则调节过程是（**D**）过程。

（A）等幅振荡；（B）发散振荡；（C）衰减振荡；（D）非周期。

Je5A2159 热工自动调节装置主要由（**D**）组成。

（A）变送器、调节器；（B）变送器、执行器；（C）调节器、执行器；（D）以上都是。

Je5A2160 若 $\psi=0$，则调节过程是（**A**）过程。

（A）等幅振荡；（B）发散振荡；（C）衰减振荡；（D）非周期。

Je5A2161 引起被调量偏离给定值的各种因素，称为（**B**）。

（A）调节；（B）扰动；（C）反馈；（D）误差。

Je5A2162 气动调节阀门的控制装置通常由（**D**）构成。

（A）电信号放大器、电/气转换器、气动定位器；（B）电信号放大器、气动定位器、阀位变送器；（C）电信号放大器、电/气转换器、阀位变送器；（D）电/气转换器、气动定位器、阀位变送器。

Je5A2163 在正常情况及相同负荷下，（**C**）类型的执行机构动作较慢。

（A）液动；（B）气动；（C）电动；（D）无法判断。

Je5A2164 浮子式流量计的安装方式为（**A**）。

（A）垂直地面安装；（B）与地面成 45°安装；（C）与地面成水平安装；（D）以上方式都可以安装。

Je5A3165 对炉膛压力的调节不起直接作用的操作是（**D**）。

（A）关小引风机进口调节挡板；（B）风机电动机低速切换为高速；（C）增大送风机动叶开度；（D）将燃烧器摆角上摆。

Je5A3166 给水调节阀门的死行程应小于全行程的（**A**）。

（A）5%；（B）8%；（C）10%；（D）12%。

Je5A3167 对于 PID 调节器，（**D**）。

（A）I 的作用是减小动态偏差，D 的作用是消除静态偏差；
（B）I 的作用是消除静态偏差，D 的作用是消除动态偏差；
（C）I 的作用是消除动态偏差，D 的作用是减小静态偏差；
（D）I 的作用是消除静态偏差，D 的作用是减小动态偏差。

Je5A3168 送风调节系统一般采用串级调节系统，主调节器接受（**A**）定值信号，副调节器接受燃料信号、反馈信号及氧量校正调节器输出，副回路保证风煤基本比例，起粗调作用，主回路用来进行（**A**）校正，起细调作用。

（A）氧量；（B）风量；（C）煤量；（D）热量。

Je5A3169 汽轮机调速系统的执行机构为（**C**）。

（A）同步器；（B）主油泵；（C）油动机；（D）调节汽阀。

Je5A3170　电厂制氢系统一般包含三个子调节系统，即槽温调节系统、氢氧液位调节系统和（**A**）调节系统。

（A）槽压；（B）负压；（C）流量；（D）以上都不是。

Je5A3171　锅炉汽包水位各水位计偏差大于（**B**）mm 时，应立即汇报并查明原因予以消除。

（A）±15；（B）±30；（C）±20；（D）±25。

Je5A3172　电缆与测量管路成排作上下层敷设时，其间距不宜小于（**B**）mm。

（A）150；（B）200；（C）250；（D）300。

Je5A3173　测量管路沿水平敷设时应有一定的坡度，差压管路应大于（**B**）。

（A）1:10；（B）1:12；（C）1:50；（D）1:100。

Je5A3174　炉膛吹扫条件中，最少需有（**C**）额定空气量的通风量进行吹扫。

（A）10%～15%；（B）15%～20%；（C）25%～30%；（D）5%～10%。

Je5A4175　某正弦电流的有效值为 **7.07A**，频率 $f=100Hz$，初相角 $\varphi=-60°$，则该电流的瞬时表达式为（**C**）。

（A）$i=5\sin(100\pi t-60)A$；（B）$i=7.07\sin(100\pi t+30)A$；（C）$i=10\sin(200\pi t-60)A$；（D）$i=10\sin(200\pi t+30)A$。

Je5A4176　标准节流件装置适用于（**B**）。

（A）截面形状任意的管道、单相流体且充满管道；（B）截面形状为圆形的管道、单相流体且充满管道；（C）截面形状任意的管道、任何流体且充满管道；（D）截面形状为圆形的管道、单相流体不一定充满管道。

Je5A4177 安装水位测量取样源装置时，其取源阀门应（**B**）。

（A）正装；（B）横装；（C）斜装；（D）立装。

Je5A4178 飞升速度表示在单位阶跃扰动下被调量的（**B**）。

（A）最大值；（B）最大变化速度；（C）最小值；（D）最小变化速度。

Je5A4179 在煤粉管道上安装的测温元件，应装设（**B**）保护罩，以防元件磨损。

（A）固定牢固；（B）可拆卸；（C）耐磨损；（D）抗打击。

Je5A4180 气动定位器在气动执行机构控制中所起的作用是（**C**）。

（A）将电信号转换为气信号；（B）将气信号转换为电信号；（C）将较小的信号气转换为较大的控制气；（D）将较大的控制气转换为较小的信号气。

Je5A4181 下列哪个条件不是油系统启动必须的：（**D**）。

（A）油母管压力正常；（B）无 MFT 跳闸信号；（C）无 OFT 跳闸信号；（D）燃油流量计显示正常。

Je5A4182 接入气动调节执行机构前的压缩空气管路上可以不安装的气路元件是（**C**）。

（A）空气过滤器；（B）气源隔离阀；（C）空气流量调节阀；（D）以上都可以不安装。

Je5A4183 当机组采用锅炉跟随方式进行负荷调节时，汽轮机主要进行（A）调节。

（A）负荷调节；（B）主汽压；（C）主汽温；（D）频率。

Je5A4184 气动调节执行机构内部的锁止阀的作用是（A）。

（A）当气源失去时维持原来的气缸位置；（B）当电信号失去时维持原来的信号气压力；（C）当电信号失去时维持原来的气缸位置；（D）当气源失去时维持原来的信号气压力。

Je5A4185 引起电动伺服机构远方操作失灵不可能的原因是（D）。

（A）伺服机构的电源未送；（B）就地放置在手动位置；（C）伺服机构内部卡死；（D）伺服机构的驱动连杆脱落。

Je5A4186 下列调节阀不处在高压区域工作的是（D）。

（A）过热减温喷水调节阀；（B）电动给水泵出口流量调节阀；（C）高压旁路减温水调节阀；（D）除氧器水位调节阀。

Je5A4187 600MW 超临界直流锅炉 MFT 跳闸条件中没有（D）跳闸条件。

（A）全炉膛火焰丧失；（B）给水丧失；（C）炉膛压力高与低；（D）汽包水位高与低。

Je5A4188 燃烧调节系统中采用前馈信号是为了（C）。

（A）克服机组负荷变化过程的缓慢；（B）克服主蒸汽温度变化的缓慢；（C）克服锅炉燃烧过程的惯性和迟延；（D）克服炉膛压力调节过程的惯性。

Je4A1189 热工测量用一次元件，都是把（A）转换成电量的。

（A）非电量；（B）物质；（C）电量；（D）能量。

Je4A2190 燃料量不能准确测量的情况下，一般采用（A）信号代替。该信号反映燃烧率的变化而不反映负荷的变化，属内扰。

（A）热量；（B）转速；（C）功率；（D）机前压力。

Je4A2191 在三冲量给水调节系统中，校正信号是（A）。

（A）汽包水位信号；（B）蒸汽流量信号；（C）给水流量信号；（D）以上都不是。

Je4A2192 锅炉负荷变化时过热器出口汽温的响应曲线，其特点是（A）。

（A）有滞后，有惯性，有自平衡能力；（B）有滞后，有惯性，无自平衡能力；（C）有滞后，无惯性，有自平衡能力；（D）无滞后，无惯性，无自平衡能力。

Je4A2193 差压变送器启、停应严格遵照程序，其目的是避免弹性元件（B）。

（A）损坏；（B）单向过载；（C）测量不准；（D）以上都可能发生。

Je4A2194 当运行锅炉内过量空气系数增大时，过热器出口温度会（B）。

（A）降低；（B）升高；（C）不变化；（D）以上都有可能。

Je4A2195 当工艺管道内有爆炸和火灾危险的介质密度大于空气密度时，安装的保护套管（槽）线路应在工艺管道的（C）。

（A）5m外；（B）10m外；（C）上方；（D）下方。

Je4A2196 "后屏"过热器采用（D）传热方式。

（A）混合式；（B）对流式；（C）辐射式；（D）半辐射式。

Je4A2197 测量压力的引压管的长度一般不应超过（D）m。
（A）10；（B）20；（C）30；（D）50。

Je4A2198 锅炉燃烧对象是一个（A）调节对象。
（A）多变量；（B）双变量；（C）单变量；（D）三冲量。

Je4A3199 在串级三冲量控制系统中，应（C）。
（A）主给水流量和蒸汽流量均作用于副调节器且极性一致，均为负；（B）主给水流量和蒸汽流量均作用于副调节器且主给水极性为正，主蒸汽流量为负；（C）主给水流量和蒸汽流量均作用于副调节器且主给水极性为负，主蒸汽流量为正；（D）主给水流量和蒸汽流量均作用于副调节器且极性一致，均为正。

Je4A3200 强制开送风机动叶自然通风的条件是（C）。
（A）两台一次风机跳闸；（B）MFT；（C）两台送风机跳闸；（D）全炉膛灭火。

Je4A3201 油区内一切电气设备的维修，都必须（D）进行。
（A）经领导同意；（B）由熟悉人员；（C）办理工作票；（D）停电。

Je4A3202 热工取样管应敷设于环境温度为（C）℃。
（A）+5～+45；（B）0～+50；（C）+5～+50；（D）0～+55。

Je4A3203 当只有燃料量突然增加时，汽包水位变化情况是（C）。
（A）水位下降；（B）水位升高；（C）水位先升高后下降；（D）水位先下降后升高。

Je4A3204 节流件安装时，应与管道轴线垂直，偏差不得超过（**B**）。

（A）0.5°；（B）1°；（C）1.5°；（D）2°。

Je4A3205 动态偏差是指调节过程中（**C**）之间的最大偏差。

（A）被调量与调节量；（B）调节量与给定值；（C）被调量与给定值；（D）以上都不是。

Je4A3206 DCS 装置按功能不同可分为（**B**）。

（A）过程控制级、数据通信系统、数据处理系统；（B）过程控制级、控制管理级、数据通信系统；（C）数据通信系统、数据处理系统、控制管理级；（D）过程控制级、数据通信系统、数据处理系统和控制管理级。

Je4A3207 标准表的精度等级应保证其基本误差小于被检仪器基本误差的（**C**）。

（A）1/2；（B）1/3；（C）1/4；（D）1/5。

Je4A3208 现代大型火电机组的锅炉控制系统的两大支柱是协调控制 CCS 和（**C**）。

（A）数据采集系统 DAS；（B）顺序控制系统 SCS；（C）炉膛安全监控系统 FSSS；（D）旁路控制系统 BPS。

Je4A3209 集散控制系统中，信息传输是以存储转发方式进行的网络拓扑结构，属于（**C**）。

（A）星形；（B）树形；（C）环形；（D）总线形。

Je4A3210 DAS 输入通道为了保证所需的动态特性，设计了（**C**）线路。

（A）前置放大器；（B）反混叠滤波器；（C）采样保持电

路；（D）缓冲器。

Je4A3211 仪表盘安装时，盘正面及正面边线的不垂直度应小于盘高的（B）。

（A）0.1%；（B）0.15%；（C）0.2%；（D）0.25%。

Je4A3212 在单级三冲量给水调节系统中，调节器的作用方向根据（A）信号进入调节器的极性选择。

（A）汽包水位；（B）蒸汽流量；（C）给水流量；（D）汽包压力。

Je4A3213 在热工生产过程中，对调节的最基本要求是（A）。

（A）稳定性；（B）准确性；（C）快速性；（D）稳定性和快速性。

Je4A3214 锅炉燃烧调节系统中，一般调节燃烧和风量的动作顺序是：（D）。

（A）增负荷时先增燃料后增风量，降负荷时先减燃料后减风量；（B）增负荷时先增风量后增燃料，降负荷时先减风量后减燃料；（C）增负荷时先增燃料后增风量，降负荷时先减风量后减燃料；（D）增负荷时先增风量后增燃料，降负荷时先减燃料后减风量。

Je4A3215 当电动执行器的制动器调整不好或磁放大器的不灵敏区太小时，将会产生（C）。

（A）真假零点；（B）输出轴不动；（C）自激振荡；（D）以上情况都会发生。

Je4A3216 压力变送器安装在取样点上方较高位置时，其零点采用（**A**）。

（A）正向迁移；（B）负向迁移；（C）不用迁移；（D）根据实际情况而定。

Je4A3217 DBY 型压力变送器是利用（**A**）原理工作的。

（A）力平衡；（B）电压平衡；（C）位移补偿；（D）以上都有。

Je4A3218 高压旁路控制系统设计有（**B**）三种运行方式。

（A）阀位、定压和快开；（B）阀位、定压和滑压；（C）定压、快开和慢开；（D）快开、慢开和阀位。

Je4A3219 DCS 系统电源应设计有可靠的后备手段，备用电源的切换时间应小于（**C**）**ms**，应保证控制器不能初始化。

（A）3；（B）4；（C）5；（D）6。

Je4A3220 下列几种调节方法不用于再热汽温调节的是（**D**）。

（A）燃烧器摆角的调整；（B）尾部烟道挡板的调整；（C）再热减温喷水阀的调整；（D）中压调节汽门的调节。

Je4A3221 磨煤机进口风道上的调节挡板一般是调节磨煤机的（**D**）。

（A）进口风温与进口风量；（B）出口风温与进口风量；（C）出口风温与磨碗差压；（D）进口风量与磨碗差压。

Je4A3222 因为（**C**）对于干扰的反应是很灵敏的，因此，它常用于温度的调节，一般不能单独用于压力、流量、液位的调节。

（A）比例动作；（B）积分动作；（C）微分动作；（D）比

例积分。

Je4A4223 调节系统中用临界比例带法整定参数的具体方法是（A）。

（A）先将 T_i 置最大，T_D 置最小，δ_P 置较大；（B）先将 T_i 置最小，T_D 置最大，δ_P 置较大；（C）先将 T_i 置最小，T_D 置最小，δ_P 置较小；（D）先将 T_i 置最小，T_D 置最小，δ_P 置较大。

Je4A4224 以衰减率 ψ＝（D）作为整定调节系统时稳定裕量指标，可使被调量动态偏差、过调量和调节过程时间等指标大致满足一般热工调节系统的要求。

（A）0～1；（B）0.9；（C）0.9～0.95；（D）0.75～0.95。

Je4A4225 锅炉正常运行时，云母水位计所示汽包水位比实际水位（B）。

（A）偏高；（B）偏低；（C）相等；（D）有时偏高、有时偏低。

Je4A4226 要使 PID 调节器为比例规律，其积分时间 T_i 和微分时间 T_D 应设置为（B）。

（A）∞、∞；（B）∞、0；（C）0、0；（D）0、∞。

Je4A4227 在串级气温调节系统中，主调节器应选用（D）规律，以保证稳态时汽温等于其给定值。

（A）P；（B）PD；（C）PI；（D）PI 或 PID。

Je3A1228 实际应用中，调节器的参数整定方法有（B）等 4 种。

（A）临界比例带法、响应曲线法、发散振荡法、衰减法；（B）临界比例带法、响应曲线法、经验法、衰减法；（C）响应曲线法、发散振荡法、经验法、衰减法；（D）临界比例带法、经验法、发散振荡法、衰减法。

Je3A2229 在锅炉跟随的控制方式中，功率指令送到（A）调节器，以改变调节阀门开度，使机组尽快适应电网的负荷要求。

（A）汽轮机功率；（B）燃料量；（C）送风量；（D）热量。

Je3A2230 1151 系列变送器进行正负迁移时对量程上限的影响（C）。

（A）偏大；（B）偏小；（C）没有影响；（D）不确定。

Je3A2231 在燃煤锅炉中，由于进入炉膛的燃烧量很难准确测量，所以一般选用（D）信号间接表示进入炉膛的燃料量。

（A）风量；（B）蒸汽流量；（C）给水流量；（D）热量。

Je3A2232 单元机组在启动过程中或机组承担变动负荷时，可采用（A）的负荷调节方式。

（A）锅炉跟随；（B）汽轮机跟随；（C）协调控制；（D）以上都可以。

Je3A2233 判断控制算法是否完善，要看电源故障消除和系统恢复后，控制器的输出值有无（A）等措施。

（A）输出跟踪和抗积分饱和；（B）输出跟踪和上、下限幅；（C）上、下限幅和抗积分饱和；（D）以上都是。

Je3A2234 过热汽温全程控制系统中，燃料量 M 的合成信号 $M+dM/dt$ 是（B）信号，用以补偿扰动。

（A）反馈；（B）前馈；（C）比例；（D）积分。

Je3A2235 DEH 调节系统与自动同期装置连接可实现（**D**）。
（A）调周波；（B）调功率；（C）调电压；（D）自动并网。

Je3A2236 对于由 DCS 闭环控制的气动调节执行机构，下列哪些方法不改变其行程特性（**C**）。
（A）更换气动定位器内部的控制凸轮；（B）更换位置变送器反馈凸轮；（C）在允许范围内调节其供气压力；（D）以上都不改变其行程特性。

Je3A2237 各种 DCS 系统其核心结构可归纳为"三点一线"结构，其中一线指计算机网络，三点分别指（**B**）。
（A）现场控制站、操作员站、数据处理站；（B）现场控制站、操作员站、工程师站；（C）现场控制站、数据处理站、工程师站；（D）数据处理站、操作员站、工程师站。

Je3A2238 当锅炉汽包采用的就地水位计内部水柱温度能始终保持饱和水温时，表计的零水位线应（**C**）于汽包内的零水位。
（A）偏高；（B）偏低；（C）一致；（D）说不准。

Je3A2239 采用差动放大电路是为了（**D**）。
（A）稳定电压放大倍数；（B）增带负载的能力；（C）提高输入阻抗；（D）克服零点漂移。

Je3A2240 当 $\psi < 0$ 时，系统（**C**）。
（A）稳定；（B）边界稳定；（C）不稳定；（D）无法判断。

Je3A3241 调节对象在动态特性测试中，应用最多的一种典型输入信号是（**A**）。
（A）阶跃函数；（B）加速度函数；（C）正弦函数；（D）指

数函数。

Je3A3242　锅炉主蒸汽压力调节系统的作用是通过调节燃料量，使锅炉蒸汽量与（A）相适应，以维持汽压的恒定。

（A）汽轮机耗汽量；（B）给水量；（C）锅炉送风量；（D）凝结水流量。

Je3A3243　热工调节过程中常用来表示动态特性的表示方法有三种，其中（A）是最原始、最基本的方法。

（A）微分方程法；（B）传递函数法；（C）阶跃响应法；（D）方框图法。

Je3A3244　锅炉负荷低于额定负荷（B）%时应连续吹灰，锅炉负荷大于额定负荷（B）%时至少每 8h 吹灰一次，当回转式空气预热器烟气侧压差增加或低负荷煤、油混烧时应增加吹灰次数。

（A）30、40；（B）25、25；（C）30、30；（D）25、30。

Je3A3245　深度反馈原理在调节仪表中得到了广泛应用，即调节仪表的动态特性仅决定于（B）。

（A）正向环节；（B）反馈环节；（C）调节仪表；（D）以上都是。

Je3A3246　在喷嘴挡板机构中，节流孔的直径比喷嘴直径（B）。

（A）大；（B）小；（C）相等；（D）可能大也可能小。

Je3A3247　在给水自动调节系统中，在给水流量扰动下，汽包水位（C）。

（A）不会变化；（B）立即变化；（C）不是立即变化，而要延迟一段时间；（D）以上情况都不对。

Je3A3248 汽包锅炉水位调节系统投入前应进行的实验有（C）。

（A）汽包水位动态特性试验、给水调节阀特性试验、除氧器水位动态特性试验；（B）汽包水位动态特性试验、调速给水泵特性试验、除氧器水位动态特性试验；（C）汽包水位动态特性试验、给水调节阀特性试验、调速给水泵特性试验；（D）以上试验都需进行。

Je3A3249 DCS系统对电源质量有较高要求，其电压变化不超过额定电压的（C）%。

（A）±2；（B）±5；（C）±10；（D）±15。

Je3A3250 滑压运行时主蒸汽的质量流量、压力与机组功率成（A）变化。

（A）正比例；（B）反比例；（C）保持不变；（D）难以确定。

Je3A3251 锅炉燃烧自动调节的任务是（D）。

（A）维持汽压恒定，保证燃烧过程的经济性；（B）维持汽压恒定，调节引风量，保证炉膛负压；（C）保证燃烧过程的经济性，调节引风量，保证炉膛负压；（D）以上都是。

Je3A3252 霍尔压力变送器是利用霍尔效应把压力作用下的弹性元件位移信号转换成（C）信号，来反应压力的变化。

（A）电流；（B）相位；（C）电动势；（D）以上都是。

Je3A3253 振弦式压力变送器通过测量钢弦的（C）来测量压力的变化。

（A）长度变化；（B）弯曲程度；（C）谐振频率；（D）以上都是。

Je3A3254 锅炉负荷增加时，辐射过热器出口的蒸汽温度**（A）**。

（A）升高；（B）降低；（C）不变；（D）不确定。

Je3A3255 锅炉负荷增加时，对流过热器出口的蒸汽温度**（B）**。

（A）升高；（B）降低；（C）不变；（D）不确定。

Je3A3256 在串级汽温调节系统中，副调节器可选用**（A）**动作规律，以使内回路有较高的工作频率。

（A）P 或 PD；（B）PI；（C）PID；（D）以上都可以。

Je3A3257 汽包水位调节对象属于**（A）**对象。

（A）无自平衡能力多容；（B）有自平衡能力多容；（C）无自平衡能力单容；（D）有自平衡能力单容。

Je3A3258 检测信号波动，必然会引起变送器输出波动，消除检测信号波动的常见方法是采用**（B）**。

（A）分流器；（B）阻尼器；（C）磁放大器；（D）隔离器。

Je3A3259 为避免在"虚假水位"作用下调节器产生误动作，在给水控制系统中引入**（B）**信号作为补偿信号。

（A）给水流量；（B）蒸汽流量；（C）水位；（D）汽包压力。

Je3A3260 协调控制方式是为蓄热量小的大型单元机组的**（B）**而设计的。

（A）程序控制；（B）自动控制；（C）集中控制；（D）程序控制和自动控制。

Je3A3261 机组采用旁路启动时，在启动的初始阶段，DEH系统采用（A）控制方式。

（A）高压调节阀门或中压调节阀门；（B）高压调节阀门或高压主汽阀；（C）中压调节阀门或高压主汽阀；（D）高压主汽阀和中压主汽阀。

Je2A2262 数据采集系统中，处理过程正确的是（B）。

（A）扫描（采样）→放大→模数转换→数据处理→存入实时数据库；（B）滤波→放大→模数转换→数据处理→存入实时数据库；（C）扫描（采样）→滤波→放大→模数转换→数据处理→存入实时数据库；（D）扫描（采样）→放大→滤波→模数转换→数据处理→存入实时数据库。

Je2A2263 智能式变送器有，而一般变送器没有的功能是（B）。

（A）零点迁移功能；（B）采用现场总线传输功能；（C）二线制模拟量输出功能；（D）以上都是。

Je2A2264 对于下面的被调节量，当运行人员同时开始进行手动调节后，（D）反应最快。

（A）过热器出口温度；（B）再热器出口温度；（C）除氧器水位；（D）二次风流量。

Je2A2265 对于过热器出口压力为（C）MPa及以上的锅炉，其汽包水位计应以差压式（带压力修正回路）水位计为准。

（A）16.67；（B）9.8；（C）13.5；（D）18.4。

Je2A2266 三取二或三取中的三个汽包水位测量装置的取样孔不应设置在汽包的同一端头，同一端头的两个取样口应保持（**B**）mm 以上距离。

（A）350；（B）400；（C）500；（D）600。

Je2A3267 在炉膛压力控制回路中采用变比例调节进行控制的目的是（**D**）。

（A）适应引风机的高/低速运行；（B）适应引风机单台或多台的运行；（C）适应引风机在高负荷或低负荷时的运行；（D）以上都是。

Je2A3268 汽包不会出现"虚假水位"现象的情况是（**C**）。

（A）蒸汽流量变化；（B）给水流量变化；（C）给水温度变化；（D）燃料量变化。

Je2A3269 电动门在操作员站上显示为中间状态，但是值班员不能操作，有可能是（**D**）引起的。

（A）电动门机械部分卡死；（B）电动门未打到远方控制方式；（C）电动门电源缺相；（D）以上情况都有可能。

Je2A3270 600MW 机组不采用液压控制系统驱动的设备是（**D**）。

（A）循环水泵进口调节动叶；（B）送风机、一次风机出口调节动叶；（C）引风机进口调节叶轮；（D）以上都不是。

Je2A3271 集散控制系统调试人员必须做好（**A**）。

（A）防静电措施和组态信息的保存工作；（B）组态的设计和保存工作；（C）系统的软件和硬件设计工作；（D）以上工作都需要做。

Je2A3272 在主蒸汽温度控制回路中引入前馈信号是为了控制（D）。

（A）燃料量的扰动变化；（B）主蒸汽流量的扰动变化；（C）主蒸汽压力的扰动变化；（D）以上都是。

Je2A3273 当机组负荷增大时，（A）。

（A）对流式过热器出口汽温升高、辐射式过热器出口汽温降低；（B）对流式过热器出口汽温降低、辐射式过热器出口汽温升高；（C）对流式过热器出口汽温不变、辐射式过热器出口汽温升高；（D）对流式过热器出口汽温不变、辐射式过热器出口汽温不变。

Je2A3274 当（D）时，旁路系统投入。

（A）机组启动时，从汽轮机冲转前到带负荷期间；（B）汽轮机降负荷或甩负荷时；（C）锅炉运行超压；（D）以上三种任一种都可以。

Je2A3275 在 DEH 控制系统中，由 A、B 两个主控制器输出的阀位请求信号，阀门控制器取其（B）来使用。

（A）大值；（B）小值；（C）平均值；（D）根据控制状态而定。

Je2A3276 当气动调节执行机构动作缓慢甚至不动，可排除在外的原因是（D）。

（A）阀门或挡板内部机务部分有卡涩；（B）气源的进气管路有泄漏；（C）气缸内部活塞密封不好；（D）调节机构的位置反馈变送器未调整好。

Je2A3277 在（D）情况下，汽包水位控制不会由三冲量切换至单冲量。

（A）给水流量小于 30%；（B）汽包水位变送器之间信号偏差大；（C）汽轮机调节级压力变送器之间信号偏差大；（D）汽包压力变送器之间信号偏差大。

Je2A3278 当将电动执行机构的不灵敏区调得太小时，执行机构将出现（**C**）。

（A）实际定位与指令不符；（B）反转；（C）振荡；（D）以上情况都可能发生。

Je2A3279 在气动执行机构出现晃动现象时，不可能引起的原因是（**D**）。

（A）调节器输出的实际指令信号在晃动；（B）指令信号的传输电缆屏蔽不佳，使干扰信号串入；（C）气源压力不稳定；（D）定位器固定螺丝脱落。

Je2A3280 DEH 调节系统与自动同期装置连接可实现（**D**）。
（A）调压力；（B）调频率；（C）调功率；（D）自动并网。

Je2A3281 高压旁路自动控制装置会快速关闭阀门的情况是（**D**）。

（A）高压旁路阀开启而低压旁路阀在 30s 后仍打不开；（B）高压旁路阀后温度高；（C）高压旁路减温水压力低；（D）以上都是。

Je2A3282 电子电位差计的工作原理是（**B**）。
（A）电压平衡，电桥平衡；（B）电压平衡，电桥不平衡；（C）电压不平衡，电桥平衡；（D）电压、电桥都不平衡。

Je1A2283 汽包锅炉启动时和停炉后的水位监视应以（**B**）为准。

（A）差压式水位计；（B）电极式汽包水位测量装置；（C）电视水位计；（D）就地云母水位计。

Je1A3284 某台机组做模拟量控制系统三冲量汽包水位定值扰动试验时，加了 **60mm** 的定值扰动，这台机组的容量是（**D**）。

（A）200MW；（B）300MW；（C）600MW；（D）300MW及以上。

Je1A4285 给水泵再循环调节阀的作用是为了保证给水泵的（**A**）。

（A）最低入口流量；（B）最低入口压力；（C）最低入口温度；（D）最高入口流量。

Je1A4286 大型火电机组的主蒸汽流量一般不直接测量，而是通过测量汽轮机（**A**）间接计算得出。

（A）调节级压力；（B）主蒸汽压力；（C）高压排汽压力；（D）中压排汽压力。

Je1A4287 DEH 控制系统不必由自动切至手动的情况是（**A**）。

（A）由单阀切换为多阀运行时；（B）阀门控制卡故障，在线更换阀门控制卡；（C）一只 LVDT 故障，在线更换故障的 LVDT 时；（D）DPU（处理器）故障。

Je1A4288 在 DEH 系统中，当汽轮机转速达到 **103%** 额定转速时，应该自动关闭（**A**）。

（A）高、中压调门；（B）高、中压主汽阀；（C）高压主汽阀及高压调门；（D）中压主汽阀及中压调门。

Je1A4289 锅炉跳闸后的炉膛吹扫时间一般不低于（**B**）min。

（A）3；（B）5；（C）8；（D）15。

Je1A4290 当锅炉出现可能危及安全运行的工况时，应该采取（**D**）。

（A）RUN BACK；（B）FCB；（C）RUN DOWN；（D）MFT。

Je1A4291 对 DCS 系统进行抗射频干扰能力测试时，用频率为 400～500MHz、功率为 5W 的步话机作干扰源，距敞开柜门的机柜 1.5m 处发出信号进行试验，计算机系统应正常工作，记录测量信号示值变化范围应不大于测量系统允许综合误差的（**B**）倍。

（A）1；（B）2；（C）2.5；（D）3。

Je1A4292 做机组性能试验时，300MW 等级及以上机组的汽温控制系统中再热蒸汽温度的稳态品质指标为（**C**）℃。

（A）±2；（B）±3；（C）±4；（D）±5。

Je1A4293 做机组性能试验时，300MW 等级及以上机组烟气含氧量的稳态品质指标为（**B**）。

（A）±0.5；（B）±1；（C）±0.8；（D）±1.5。

Je1A4294 如果一台锅炉的汽包经常运行在 18MPa 压力下，则就地水位计的正常水位指示值和汽包实际零水位的差值为（**B**）mm。

（A）–76；（B）–102；（C）–150；（D）–180。

Jf5A2295 不能用来扑救带电设备火灾的灭火器是（**A**）。

（A）泡沫灭火器；（B）二氧化碳灭火器；（C）干式灭火

器；（D）1121 灭火器。

Jf4A2296 在安装就地控制接线箱时，要尽量避免电缆从箱子的（D）穿入。

（A）左侧；（B）右侧；（C）箱底；（D）箱顶。

Jf2A3297 热工仪表及控制装置检修、改进、调校和试验的各种技术资料，以及记录数据、图纸应与实际情况相符，并应在检修工作结束后（C）内整理完毕归档。

（A）一星期；（B）半个月；（C）一个月；（D）半年。

Jf2A3298 安全现场规程宜每（B）年进行一次全面修订、重印。

（A）4～6；（B）3～5；（C）3～6；（D）10。

Jf1A3299 DEH 的 ATC 运行方式，下列叙述中错误的是（B）。

（A）目标转速和目标负荷是通过 ATC 程序由主计算机确定的最佳值；（B）在 ATC 方式可自动升负荷至额定负荷；（C）升速率和升负荷率是通过 ATC 程序由主计算机确定的最佳值；（D）在 ATC 方式可进行自动升速、暖机、主汽阀/调节汽阀切换。

Jf1A3300 汽轮机轴向位移探头应在汽轮机（B）状态下安装。

（A）静止；（B）冷态；（C）热态；（D）盘车状态。

4.1.2 判断题

判断下列描述是否正确。对的在括号内打"√",错的在括号内打"×"。

La5B2001 一批零件共同具有的误差称为公差。(×)

La5B2002 用万用表判别三极管性能时,若集电极—基极的正反向电阻均很大,则该二极管已被击穿。(×)

La5B2003 整流电路中,滤波电路的作用是滤去整流输出电压中的直流成分。(×)

La5B2004 只要满足振幅平衡和相位平衡两个条件,正弦波振荡器就能产生持续振荡。(√)

La5B2005 交流放大器中若静态工作点设在截止区,则该放大器将无任何放大信号输出。(×)

La5B2006 在交流放大电路中,输入回路中串入的电容其主要作用是整流。(×)

La5B2007 在共射极放大电路中,三极管集电极的静态电流一定时,其集电极电阻的阻值越大,输出电压 U_{ce} 就越大。(×)

La5B2008 三极管工作在饱和区时,两个 PN 结的偏置是:发射结加正向电压,集电结加正向电压。(√)

La5B2009 与 CMOS 电路相比,TTL 电路的能耗较大。(√)

La5B2010 三极管的任意两个管脚在应急时可作为二极管使用。(×)

La5B2011 电压互感器的原理与变压器不尽相同,电压互感器的二次侧电压恒为 100V。(×)

La5B2012 直流电动机电枢绕组中正常工作时的电流为交流电。(√)

La5B3013 当电压的有效值恒定时,交流电的频率越高,流过电感线圈的电流就越小。(√)

La5B3014 一个阻抗与另一个阻抗串联后的等效阻抗必然大于其中任一阻抗。（×）

La5B3015 在同频率的正弦交流电量中，参考正弦量的初相位设为零，其余正弦量的初相位等于它们与参考正弦量之间的相位差。（√）

La5B3016 在正弦交流变量中，幅值与有效值之比约为1:0.707。（√）

La5B3017 两个电阻并联后的等效电阻一定小于其中任何一个电阻。（√）

La5B3018 两个电动势为 10V 的电压源，同向串联，串联后的总电动势为 15V。（×）

La5B3019 对压敏电阻而言，所加的电压越高，电阻值就越大。（×）

La5B4020 允许误差就是基本误差。（×）

La4B2021 在停电后 EPROM 能自动清除存储的信息。（×）

La4B2022 D 触发器常用作数字信号的数据锁存器。（√）

La4B2023 在放大电路中，若采用电压串联负反馈将会使输入电阻增加。（√）

La4B2024 集成运放电路具有输入阻抗大、放大倍数高的特点。（√）

La4B2025 交流放大电路中，输入/输出环节的电容主要起储能作用。（×）

La4B3026 直流电动机不允许直接启动的原因是其启动力矩非常小，并且启动电流又很大。（×）

La4B3027 一般情况下，三相变压器的变比大小与外加电压的大小有关。（×）

La4B3028 在 RC 电路中，C 上的电压相同，将 C 上的电荷通过 R 予以释放，则电压下降速度越慢，其对应的时间常数就越大。（√）

La3B3029 叠加原理可用于任一线性网络的功率计算。（×）

La3B3030 用节点法计算各支路电流时，会因参考电位选择得不同而使结果有所变化。（×）

La3B3031 电功率是表示电能对时间的变化速率，所以电功率不可能为负值。（×）

La3B3032 因为储能元件的存在，就某一瞬间来说，回路中一些元件吸收的总电能可能不等于其他元件发出的总电能。（×）

La3B3033 疲劳断裂与静载下的断裂相同，即断裂时不产生明显的塑性变形而突然断裂。（×）

La3B3034 放大器的输出电阻越小，负载能力越强。（√）

La3B3035 几个环节相串联后的总传递函数等于各个环节传递函数之和。（√）

La3B1036 在比例作用基础上增加微分作用时，比例带的整定要比单纯比例调节时要大。（√）

La2B1037 译码器能将具有特定含义的不同二进制码辨别出来，并转换成控制信号，译码器可作数据分配器使用。（√）

La2B1038 某温度变送器的测量范围是-200～600℃，说明其上限 600℃，下限为-200℃，量程范围为 800℃（√）

La2B1039 线性电阻的大小与电压、电流的大小无关。（√）

La2B2040 零件的真实大小应以图上所注尺寸为依据，与图形的比例及绘图的准确度无关。（√）

La1B2041 当一只电容器耐压不够时，可以将几只电容并联使用。（×）

La1B2042 在读取液柱式压力计的液柱高度时，一般按照液柱弯月面顶点的位置在标尺上读取数据。（√）

La1B2043 电动阀门装置调整时，一般应手动将阀门盘到中间位置，是为了防止电动机反向造成顶杆或其他不安全后果。（√）

Lb5B1044 调节就是抵消扰动的影响，使调节变量恢复到给定值。（×）

Lb5B1045 热工温度自动控制系统内测温传感器主要使

用热电偶和热电阻。（√）

Lb5B1046 闭环调节系统一定是反馈调节系统。（√）

Lb5B2047 按系统的特性分，有线性调节系统和非线性调节系统。（√）

Lb5B2048 自动控制系统由控制设备和控制对象构成。（√）

Lb5B2049 差压变送器不可以测量压力信号。（×）

Lb5B2050 判断 K 型热电偶正、负极时，可根据亲磁情况识别，不亲磁为正极，稍亲磁为负极。（√）

Lb5B2051 热工仪表及控制装置是用于对热力设备及系统进行测量、控制、监视及保护的设备。（√）

Lb5B2052 由于锅炉的热胀冷缩，固定在锅炉本体上和固定在锅炉工作平台上的控制设备，其短距离的管路连接宜用挠性连接。（√）

Lb5B3053 把输出量的全部或部分送到输入端称为前馈。（×）

Lb5B3054 按被控量与给定值偏差进行控制的控制方式，称为反馈控制。（√）

Lb5B3055 输入到被控系统中并对被控参数产生影响的信号叫控制量。（×）

Lb5B3056 被调节的生产过程或工艺设备称为调节对象。（×）

Lb5B3057 在引风控制系统中，引风机的风门挡板是调节机构。（√）

Lb5B3058 衰减率 ψ=0，调节过程为不振荡过程。（√）

Lb5B3059 自动调节系统环节之间有三种基本的连接方式：串联、并联和反馈。（√）

Lb5B3060 锅炉安全门是锅炉主蒸汽压力高保护的重要装置。（√）

Lb5B3061 汽轮机凝汽器真空低保护是汽轮机的重要保

護項目之一。(√)

Lb5B3062 安装在取样点上方的压力变送器,应采用正迁移来修正其零点。(√)

Lb5B3063 对于定值调节系统,其稳定过程的质量指标一般是以静态偏差来衡量的。(√)

Lb5B3064 通过调节暖风器进汽阀的开度来控制进入暖风器的蒸汽流量,从而达到控制空预器热端温度的目的,以防止空预器结露腐蚀。(×)

Lb5B4065 有调节设备和调节对象相互作用所形成的闭合负反馈回路称为自动调节系统。(√)

Lb5B4066 控制方框图中的信号传递可以是双向的。(×)

Lb5B4067 热工调节对象通常都是有迟延、有惯性的。(√)

Lb5B4068 旁路控制系统通常包括高压和低压旁路控制系统。(√)

Lb5B4069 调节系统的快速性指调节系统过渡过程持续时间的长短。(√)

Lb5B4070 保护通过连锁实现,所以保护也称为连锁。(×)

Lb5B4071 给水自动调节系统中给水阀的开度是调节变量。(×)

Lb5B4072 汽包水位调节器的给水流量和给水温度测点通常都安装在给水泵的出口、高压加热器的进口。(×)

Lb4B2073 MTBF是指平均故障间隔时间。(×)

Lb4B2074 DAS是指数据采集系统。(√)

Lb4B2075 扰动是指引起调节量变化的各种因素。(×)

Lb4B2076 在静态过程中,被测量值偏离给定值的最大值叫做超调量。(×)

Lb4B2077 汽轮机轴承润滑油压力低连锁保护压力开关的取样,一般在润滑油泵的出口处。(×)

Lb4B2078 大气压力随时间、地点而改变。(√)

69

Lb4B3079 电感式轴向位移测量装置是利用电磁感应原理工作的。（√）

Lb4B3080 在弹性式压力计中，弹性测压元件把压力（或差压）转化为弹性元件变形位移进行测量。（√）

Lb4B3081 压力控制器应垂直安装在振动较小的地方，并力求与取样点保持同一水平位置。（√）

Lb4B3082 当汽轮机突然甩负荷时，调速系统应将主汽阀关闭以防止汽轮机超速。（×）

Lb4B3083 在锅炉过热汽温调节中，主要调节手段是改变尾部烟道挡板开度或调节喷燃器喷嘴角度。（×）

Lb4B3084 直接根据扰动进行调节的控制方式称为前馈控制。（×）

Lb4B3085 调节过程结束后，被控量的实际值与给定值之间的偏差称为动态偏差。（×）

Lb4B3086 发生在控制系统内部的扰动叫内扰。（√）

Lb4B3087 低压旁路控制系统包括凝汽器压力调节回路和温度调节回路。（×）

Lb4B3088 调节过程的准确性一般用超调量和过渡时间来衡量。（×）

Lb4B3089 燃油用的流量测量可采用靶式流量计和差压流量计。（×）

Lb4B3090 评定调节系统的性能指标有稳定性、准确性和快速性，其中，稳定性是首先要保证的。（√）

Lb4B3091 目前单元机组一般倾向采用低负荷时定压运行，中等负荷时采用滑压运行。（√）

Lb4B3092 分布式数据采集系统的前级只有信号采集和传输功能，而无预处理功能。（×）

Lb4B3093 DCS 中基本控制器的控制回路数量受其内部输入、输出点数限制。（√）

Lb4B3094 分散控制系统的主要功能包括 4 个部分：控制

功能、监视功能、管理功能和通信功能。（√）

Lb4B3095 在安全门保护回路中，为保证动作可靠，一般采用两个压力开关的常开接点串联接法。（√）

Lb4B3096 热工保护装置应按系统进行分项和整套联动试验，且动作应正确、可靠。（√）

Lb4B3097 热工保护连锁信号投入前，应先进行信号状态检查，确定对机组无影响时方可投入。（√）

Lb4B3098 分散系统中的通信都是按一定控制方式在高速数据通道上传递的。（√）

Lb4B3099 主燃料跳闸后立即可进行炉膛吹扫。（×）

Lb4B3100 微动开关的基本原理基于弹簧蓄能后产生的突然变形。（√）

Lb4B3101 非线性调节系统不能用线性微分方程来描述。（√）

Lb4B4102 DCS 控制站通过接口获得操作站发出的实现优化控制所需的指令和信号。（×）

Lb4B4103 当汽轮机超速保护动作时，OPC 输出信号使高压调节汽阀和高压旁路门关闭，防止汽轮机严重损坏。（×）

Lb4B4104 锅炉主蒸汽压力调节系统的作用是通过调节燃料量，使锅炉蒸汽量与汽轮机耗汽量相适应，以维持汽压的恒定。（√）

Lb4B4105 DCS 的软件系统包括管理操作系统、数据库系统和一系列模块化功能软件。（√）

Lb4B4106 比例调节器调节过程结束后被调量必然有稳态误差，故比例调节器也叫有差调节器。（√）

Lb4B4107 积分调节过程容易发生振荡的根本原因是积分调节作用产生过调。积分 T_i 越小，积分作用越强，越容易产生振荡。（√）

Lb3B2108 功频电液调节系统中功率信号的选择有两种方式：一是取发电机功率信号，二是取发电机频率信号。（×）

Lb3B2109 在方框图中，信号的传递具有双向特性，即可以沿任意方向通过。（×）

Lb3B2110 汽轮机液压调速系统中，油动机行程相对变化值与负荷相对变化值成比例关系。（×）

Lb3B2111 在三冲量给水自动调节系统中，三冲量是指汽包水位、蒸汽流量和凝结水流量三个信号。（×）

Lb3B2112 DEH 调节系统与自动同期装置连接，可实现手动并网。（×）

Lb3B2113 协调控制系统采用前馈回路，有利于提高机组对汽压的适应性。（×）

Lb3B2114 严格地讲，现场实际应用 PI 调节器的调节系统，其实际调节结果是有差的。（√）

Lb3B2115 在并联系统中，调节阀门的控制作用将减小。（√）

Lb3B2116 当汽轮机转速与电网频率同步时即可并网。（×）

Lb3B2117 DCS 系统的软件组态主要是对过程控制站进行组态。（√）

Lb3B2118 DCS 系统的发展趋势是现场总线技术。（√）

Lb3B2119 控制过程质量指标可概括为稳定性、快速性、准确性几个方面。（√）

Lb2B2120 一般自动系统中的电气式压力变送器可以看成比例积分环节。（×）

Lb2B2121 一般情况下，单回路控制系统中，调节器的自动跟踪信号可取阀位反馈信号。（√）

Lb2B3122 分散控制系统的体系特点是模块化。（×）

Lb2B3123 铠装热电偶适用于强烈冲击振动的恶劣环境。（√）

Lb2B3124 单元机组汽轮机跟随控制方式的特点是，功率响应快，汽压波动小，能充分利用锅炉的蓄热。（×）

Lb2B3125 负荷指令管理回路的主要任务是根据机炉运

72

行状态选择适当的外部负荷,并转换为机炉的负荷给定值。(√)

Lb2B2126 锅炉汽水循环方式可分为自然循环锅炉和强制循环锅炉两大类。(√)

Lb1B3127 机组出现"ASP 油压高"报警信号是由于 AST 电磁阀动作的结果动作,此时若主汽门未关闭,应尽快申请停机。(×)

Lb1B3128 主蒸汽压力调节系统中,由汽包压力微分信号和蒸汽流量信号组成的热量信号既能反应内扰变化,也能反应外扰变化。(×)

Lb1B3129 当出现旁路快开信号时,控制系统将输出信号至伺服阀,使阀门迅速开启。(×)

Lb1B3130 在 DKJ 电动执行机构中采用的异步电动机应具有启动力矩大、启动电流小的特点,并具有良好的堵转特性。(√)

Lb1B3131 气动调节机构在行程的两端动作死区较大是由于定位器中的气管路有堵塞。(×)

Lb1B4132 在比较大的分散控制系统中,为了提高分散控制系统的性能,常把几种网络结构合理地运用于一个系统中,充分利用各网络的优点。(√)

Lc5B1133 热处理的目的主要是改善金属材料性能。(√)

Lc5B1134 为了提高钢的硬度和耐磨性,可采用回火处理。(×)

Lc5B2135 锉刀按齿纹的大小可分为粗锉、细锉、特细锉。(√)

Lc5B3136 旁路系统一般分为高压旁路、中压旁路及低压旁路等形式。(×)

Lc5B3137 锉刀、手锯、木钻、螺丝刀等的手柄应安装牢固,没有手柄可短期使用。(×)

Lc5B3138 临时进入现场可以不戴安全帽。(×)

Lc5B4139 工作票必须由分场主任或副主任签发,或由分

场主任指定的人员签发，其他人员签发的工作票无效。（×）

Lc5B4140　压力式温度计是利用物质的压力随温度变化的性质来测温度的。（√）

Lc4B3141　在螺杆上套丝用的工具是螺母。（×）

Lc4B3142　在台虎钳上锉、削、锤、凿工件时，用力应指向台钳座。（√）

Lc4B3143　对随机组运行的主要热工仪表及控制装置应进行现场运行质量检查，其周期一般为三个月。（√）

Lc4B3144　錾子在刃磨时，其楔角的大小应根据工件材料的硬度来选择，一般錾削硬材料时，錾子楔角选 30°～50°。（×）

Lc4B3145　大中型火力发电厂中，高压厂用电的电压等级一般为 10kV。（×）

Lc4B4146　电接点水位计测量筒必须垂直安装，筒体中心（零水位）必须与汽包机械中心处于同一高度。（×）

Lc3B2147　对于非再热机组，在蒸汽参数保持不变的条件下，汽轮机调节阀的开度可代表汽轮机的转速。（×）

Lc3B2148　锅炉给水温度降低时，过热汽温会升高。（√）

Lc3B3149　在单元机组运行时，汽轮机侧主蒸汽温度一般高于锅炉侧主蒸汽温度。（×）

Lc2B1150　在热工测量中，相邻两测点之间的距离应大于被测管道外径，但不得小于 180mm。（×）

Lc2B1151　汽轮机联跳发电机只能通过发电机逆功率保护。（√）

Lc2B1152　电力系统中的发电机或变压器的中性点直接接地，称为工作接地。（√）

Lc2B1153　两处接地比一处接地可靠。（×）

Lc2B1154　渐缩喷管可以使流体的出口速度超过声速。（×）

Lc2B1155　根据朗肯循环原理，电厂的热力循环系统在凝

汽器这一环节损失的热能最大。（√）

Lc2B1156　发电厂的烟囱只起到环保作用。（×）

Lc2B1157　过热减温的喷水是由给水泵的中间抽头引出的。（×）

Lc2B2158　直流锅炉没有加热、蒸发和过热的汇合点，但有三阶段的固定分界点。（×）

Lc2B2159　一个班在同一个设备系统上依次进行同类型设备的检修工作，如全部安全措施不能在工作前一次完成，应分别办理工作票。（√）

Lc1B3160　为避免金属受热不均匀可能造成的设备损坏及避免汽包变形，锅炉启动时进水温度不允许超过 90℃。（√）

Lc1B3161　设备技术寿命是指设备从全新状态投入生产后，由于新技术的出现使原有设备丧失使用价值而被淘汰所经历的时间。（√）

Lc1B3162　直流锅炉的蓄热能力小，一般为同等容量自然循环锅炉的 3/4。（×）

Lc1B3163　锅炉主要设备、重要阀门、热控电源等都应设有备用保安电源。（√）

Jd5B2164　若干个环节串联后的总传递函数等于各个环节传递函数的和。（×）

Jd5B2165　热工控制图纸中安装接线图是用来指导安装接线的施工图。（√）

Jd5B2166　进行锉削时，锉刀向前推动与回锉时一样用力。（×）

Jd5B3167　锉削的表面不可以用手擦、摸，以防锉刀打滑。（√）

Jd4B2168　使用型钢切割机时，砂轮片的规格可根据工件尺寸任选。（×）

Jd4B3169　调节器的微分作用，可以有效减少调节过程中被调量的偏差。（√）

Jd4B4170 全面质量管理要求运用数理统计方法进行质量分析和控制，是质量管理数据化。（√）

Je5B1171 比例积分调节器的整定参数是比例带和积分时间。（√）

Je5B1172 串级汽温调节系统中副回路和副调节器的任务是快速消除外扰。（×）

Je5B1173 电缆敷设区域的温度不应高于电缆长期工作允许温度，普通型电缆与热管道保温层交叉敷设时宜大于200mm。（√）

Je5B1174 执行机构的全关至全开行程，一定是调节机构的全关至全开行程。（√）

Je5B1175 在任何地方总是将执行机构的动作调整得越快、越灵敏越好。（×）

Je5B1176 当调节器发生故障或需要检修时，调节系统由手动操作切为自动调节。（×）

Je5B1177 由调节作用来改变并抑制被调量变化的物理量称为调节量。（√）

Je5B2178 被控对象中需要加以控制和调节的物理量叫做调节量。（×）

Je5B2179 热工对象按其容积数目可分为单容对象和多容对象。（√）

Je5B2180 比例调节器调节结果若有差错，是由于调节器出了问题。（×）

Je5B2181 调节阀按操作能源的不同可分为电动、气动两大类。（×）

Je5B2182 对于一个自动调节系统，调整时间越长，意味着系统越稳定。（×）

Je5B2183 连接固定表盘的螺栓、螺母、垫圈等必须经过防锈处理才可使用。（√）

Je5B2184 执行机构的调校点应在全行程范围内均匀选

取。（√）

Je5B2185　仪表盘安装时，应尽量减小盘正面及正面边线的不垂直度。（√）

Je5B2186　信号电缆和控制电缆的屏蔽层可就近接地。（×）

Je5B2187　通常通入气动执行机构气缸的是电—气转换器输出的 20～100kPa 控制气压。（×）

Je5B2188　仪表管路的防腐主要是在金属表面上油漆，它对周围的腐蚀介质起隔离作用。（√）

Je5B3189　组成自动控制系统最基本的单元是环节。（√）

Je5B3190　二次风的作用是为了组织良好的燃烧过程。（√）

Je5B3191　在比例作用基础上增加积分作用时，比例带要比纯比例调节时大。（√）

Je5B3192　调节过程的准确性用过渡过程时间来衡量。（×）

Je5B3193　接线有压接、直接和弯圈等多种方式，但均应接触可靠、牢固。如需弯圈则弯圈方向可由个人习惯决定。（×）

Je5B3194　为了防止干扰，信号电缆和电源电缆不得平行敷设。（√）

Je5B3195　当仪表管道的敷设环境温度超过一定范围时，应有防冻或隔热措施。（√）

Je5B3196　一般分析一个调节系统都是从它的静态特性入手，因为调节系统的静态比动态更具有普遍意义。（×）

Je5B3197　流量测量主要有容积式和速度式两种方法。（√）

Je5B3198　调节器的积分时间长时，积分作用强，消除静态偏差需要经过的时间较短。（×）

Je5B3199　电动执行机构、气动执行机构、气动薄膜调节阀应进行全行程时间试验。（√）

Je5B4200　锅炉稳定运行时，给水调节机构允许平缓动作。（√）

Je5B4201　烟气中含氧量越高，氧化锆传感器输出的氧浓度差电压越大。（×）

Je5B4202 火力发电厂的协调控制系统出发点是把汽轮机和发电机作为一个整机来考虑。（×）

Je5B4203 具有深度负反馈的调节系统，其输出量和输入量之间的关系仅由反馈环节的特性所决定，而与正向环节的特性无关。（√）

Je5B4204 电缆的弯曲半径不应小于其外径的 10 倍。（√）

Je5B4205 当气动调节执行机构动作出现振荡时，可通过调大定位器中的增益调节电位器来消除振荡现象。（×）

Je5B3206 调节系统稳定后，微分作用最强。（×）

Je5B4207 在回路调节系统中，电动执行机构可以近似看成是积分环节。（×）

Je4B1208 在单回路调节系统中，调节器的作用方向根据主信号的极性选择。（√）

Je4B2209 1151 系列变送器调校时，应先调整量程上限，再调零点。（×）

Je4B2210 在锅炉跟随的负荷调节方式中，由汽轮机调节汽压，锅炉调节负荷。（×）

Je4B2211 300MW 及以上机组汽轮机电调系统中至少应具有转速控制、负荷控制、自动启停及应力监视等功能。（√）

Je4B2212 热工参数的调节和控制主要有单冲量调节和多冲量调节两种方式。（×）

Je4B2213 随动调节系统的给定值是一个随时间变化的已知函数。（×）

Je4B2214 锅炉稳定运行时，执行器不应频繁动作。（√）

Je4B3215 随着机组的负荷上升，蒸汽流量不断增大，则过热器减温喷水的流量也会不断地被调大。（×）

Je4B3216 在集散控制系统中采用隔离和屏蔽技术是为了克服电磁干扰。（√）

Je4B3217 集散控制系统的网络拓扑结构主要有总线型、环形、树形、星形和点到点互连等 5 种结构。（√）

Je4B3218 用平衡容器测量汽包水位时,水位最高时,输出差压为最大。(×)

Je4B3219 给水自动调节系统的任务是维持锅炉的给水压力。(×)

Je4B3220 微分时间应根据调节对象的迟延时间来整定。(√)

Je4B3221 严格地讲,现场实际应用的 PI 调节器系统,其实调节结果是有误差的。(√)

Je4B3222 单纯按微分规律动作的调节器是不能独立工作的。(√)

Je4B3223 使用比例积分调节器时,积分时间要根据对象的特性来选择。(√)

Je4B3224 电动门在空载调试时,开、关位置不应留有余量。(×)

Je4B3225 节流件的安装方向,必须使流体从节流件的上游端面流向节流件的下游端面。(√)

Je4B3226 蒸汽流量不能作为过热汽温调节的调节变量。(√)

Je4B3227 仪表管路埋地敷设时,应经试压合格和防腐处理后方可埋入。直接埋地的管路连接时必须采用焊接,在穿过道路及进出地面处应加保护套管。(√)

Je4B3228 单元机组主控系统由负荷指令处理装置和燃料主控制器两部分组成。(×)

Je4B3229 ADS 指令是指电网调度所发来的负荷指令。(√)

Je4B3230 调节对象是调节系统中的一个环节,影响调节对象输出信号的因素不是单一的。(√)

Je4B3231 对于燃烧调节系统,一般要求烟气中的含氧量随负荷的变化而变化,负荷低时,要求含氧量低,负荷高时要求含氧量高。(×)

Je4B3232 一块仪表的电源线和信号线应合用一根电缆。（×）

Je4B3233 新敷设的补偿导线电缆一般不需要校验。（×）

Je4B3234 保温管道及设备上感温件的外露部分无需保温。（×）

Je4B3235 高压导压管需分支时可直接在导压管上开孔、焊接。（×）

Je4B3236 执行器电动机送电前，用 500V 绝缘电阻表进行绝缘检查，绝缘电阻应不小于 0.5MΩ。（√）

Je4B3237 智能变送器的量程修改是对存储器内的上限和下限进行修改，不需要机械地调整。（√）

Je4B3238 使用节流装置测量流量时，节流装置前的管道内必须加装流动调整器。（×）

Je4B3239 攻丝时，首先进行钻孔，孔径应以丝锥的外径为准。（×）

Je4B3240 在 DKJ 型执行器通电调试中，电动机只有"嗡嗡"声而不转动，其原因是制动器弹簧太紧，把制动盘刹牢所致。（√）

Je4B3241 用万用表判别二极管时，万用表的电阻挡应切至"×100k"挡。（×）

Je4B3242 标准喷嘴可用法兰取压。（×）

Je4B4243 微分环节的输出量与输入量的变化速度成正比。（√）

Je4B4244 为了防火、防尘和日后改进时增敷电缆，盘内电缆、导管敷设完毕后，盘低地面上的孔洞应用松软的保温材料封闭严密。（√）

Je3B1245 在"CCS"投入的条件下，当"CCS"中"一次调频"投入时，DEH 上即使投入"一次调频"，也不起作用。（×）

Je3B2246 发电厂热工调节过程多采用衰减振荡的调节

过程。（√）

Je3B2247 对于汽包锅炉给水调节系统，进行调节系统实验时，水位定值扰动量为 10mm。（×）

Je3B2248 在蒸汽流量扰动下，给水调节对象出现水击现象。（×）

Je3B2249 单元机组协调控制系统中，为加快锅炉侧的负荷响应速度，可采用前馈信号。（√）

Je3B2250 运行中的调节系统应做定期试验。（√）

Je3B2251 多容对象在比例调节器的作用下，其调节过程为非周期性的。（×）

Je3B2252 为保证调节系统手自动切换是无扰的，在手动时调节器应进行自动跟踪。（√）

Je3B2253 单容对象在比例调节器的作用下，其调节过程为衰减振荡。（×）

Je3B2254 对象时间常数 T 越大，说明对象的惯性越小。（×）

Je3B2255 锅炉汽温调节时对象属于无自平衡能力对象。（×）

Je3B2256 一次调频是指利用调速器对汽轮机转速进行调节，进而调节频率的过程。（√）

Je3B3257 电动执行器就地手操，不允许在自动工况下进行，可在伺服电动机通电时进行。（×）

Je3B3258 在 DKJ 型电动执行器通电调试时，电动机时转时不转是因为制动器吸合不正常。（√）

Je3B3259 汽轮机采用非旁路启动时，机组启动的初始阶段采用高压主汽门控制。（√）

Je3B3260 锅炉热效率试验说明，为保持经济燃烧，负荷越大，最佳过量空气系数 α 越小。（√）

Je3B3261 对于串级调节系统，试投运时，步骤是先内后外。（√）

Je3B3262 600MW 直吹式机组的主蒸汽温度调节系统调节品质应达到以下标准：① 稳定负荷工况下，汽温偏差小于±3℃。② 10%负荷扰动下，汽温动态偏差不大于±8℃。（√）

Je3B3263 发电机甩负荷时，防止功率反调的措施是使发电机测流元件与一滞后环节相串联，以延迟功率信号的变化。（×）

Je3B3264 单元机组是一个多输入、多输出的被控对象，在分析负荷控制系统时必须把锅炉作为一个整体考虑。（×）

Je3B3265 补偿汽包水位用的汽包压力变送器可以一起配置。（×）

Je3B4266 总线形网络结构以一条开环的通信电缆作为数据高速公路，各接点通过接口挂到总线上。网络易于扩展，不致相互影响。（√）

Je2B2267 DEH 控制系统中，由 LVDT（差动变压器）输出的调门阀位信号可直接被阀门控制器使用。（×）

Je2B2268 应用诊断技术进行预知维修是设备检修发展的方向。（√）

Je2B2269 基本控制器的组态可以通过工程师操作站进行。（√）

Je2B2270 反馈调节的调节器动作总是和扰动同步开始，所以说它是一种"及时"调节。（×）

Je2B2271 实际 PI 调节器放大器的开环增益为有限值，输出不可能无限增加，积分作用呈饱和状态，调节系统存在静态偏差。（√）

Je2B2272 DKJ 电动执行机构本身是一个具有深度负反馈的随动系统。（√）

Je2B3273 将气动挡板调节执行机构中定位器的控制凸轮反面安装可反向控制挡板的行程。（×）

Je2B3274 利用烟气再循环控制汽温的方法主要是利用加大或减少辐射传热来控制汽温。（×）

Je2B3275 系统的静态偏差与比例增益成反比，增益越大，系统静差越小，调节精度越高。（√）

Je2B3276 功频电液调节系统中功率信号选用汽轮机功率和发电机功率两种方式，两者对系统的特性来说所起的作用相同。（×）

Je2B3277 检定变送器时，要求的环境条件温度为20±5℃，相对湿度为45%～75%。（√）

Je2B3278 LVDT（差动变压器）式位置变送器可送出DC4～20mA信号，直接被DCS系统使用。（×）

Je2B3279 对于采用比例积分作用的调节系统，当有一个阶跃输入时，调节设备的输出同时按比例积分规律变化。（×）

Je2B3280 对于只采用比例规律的调节系统，在手动至自动的切换过程中，不存在切换扰动，因此无需进行对位操作。（√）

Je2B3281 在串级给水调节系统中，汽包水位的静态偏差不仅与调节器的比例带有关，而且也与调节器的积分增益有关。（√）

Je2B3282 在汽轮机突然甩负荷，锅炉仍维持低负荷运行时，要求保持水位与给定值相等。此时串级系统的动态特性就不如单级系统，它的控制过程时间将比单级长。（√）

Je2B3283 二线制变送器由于电源供给线路的功率是通过线路供给的，信号电源必须采用活零点电流。（√）

Je2B3284 一份作业指导书应包括以下主要内容：编制依据、技术措施、安全措施、质量控制点、施工工序图及相关人员的评语签字等。（√）

Je2B3285 用电/气转换器来控制就地调节执行机构时，必须要取其实际行程位置信号来构成闭环控制回路。（√）

Je2B3286 当发生断气源保护动作时，自锁阀将调节机构中上、下气缸内的压缩空气同时放空，以保证停留在原来位置。（×）

Je2B3287 检修后的顺序控制、信号、保护和连锁装置应进行系统检查和试验，由运行人员确认正确可靠后，方可投入运行。（√）

Je1B3288 测量油、水、蒸汽等的一次仪表不能引入控制室。（√）

Je1B4289 在机组并网运行中，转速不等率越大，电网频率变化时功率变化越小；而转速不等率越小，则电网频率变化时功率变化越大。（√）

Je1B4290 对 300MW 及以上机组，循环水泵可以不在单元控制室内进行控制。（√）

Je1B4291 一般在实际整定调节器时，应尽量使过渡过程不出现振荡，因此，应尽量使衰减率接近于 1。（√）

Je1B4292 PI 调节器的积分时间，就是积分作用部分增长到等于比例作用部分所需要的时间。（√）

Je1B4293 锅炉汽包虚假水位的定义是水位的变化规律不按蒸汽与给水流量的平衡关系进行。（√）

Je1B4294 在自然循环汽包锅炉中，省煤器中水的流动是借助于蒸汽的压力产生的。（×）

Je1B4295 在多回路调节系统中，调节器与对象有多个执行机构和多个调节机构。（×）

Je1B4296 可燃气体参数的测量仪表应有相应等级的防爆措施，在经过处理后，其一次仪表可以引入控制室进行监测。（×）

Je1B4297 主厂房内架空电缆与热体管路应保持足够的距离，控制电缆不小于 1 m。（×）

Je1B4298 在同一管段上邻近装设压力取源部件和测温元件时，按介质流向前者应在后者的上游。（√）

Je1B4299 自动调节系统调节品质的优劣，表示调节系统克服外来干扰能力的大小。（√）

Jf5B3300 遇有电气设备着火时，应立即将有关设备的电

源切断，然后进行救火。（√）

Jf2B2301　在锅炉检修后，要进行承压部件的水压试验。（√）

Jf2B3302　在全部或部分带电的盘上工作时，应将检修设备与运行设备以明显标志隔开。（√）。

Jf1B3303　在机组并网运行时，同步器的功能是改变汽轮发电机组的功率。（√）

Jf1B3304　在进行机组协调控制系统 AGC 负荷跟随试验时，必须要求在 CCS 负荷变动试验验证合格下才能进行。（√）

Jf1B3305　电厂内的电缆竖井和电缆沟如果连在一起，可以一起做防火隔离。（×）

Jf1B3306　控制室、开关室、计算机室等通往电缆夹层、隧道、穿越楼板、墙壁、柜、盘等处的所有电缆孔洞和盘面之间的缝隙（含电缆穿墙套管与电缆之间的缝隙），必须采用合格的不燃或阻燃材料封堵。（√）

Jf1B4307　水位测量装置安装时，均应以汽包同一端的几何中心线为基准线。（√）

Jf1B4308　在新建、扩建工程设计中，消防水系统应同工业水系统分开，以确保消防水量、水压不受其他系统影响。（√）

Jf1B4309　纯迟延环节的特点是输出信号与输入信号完全相同，只是落后了一段时间。（√）

4.1.3 简答题

La5C2001 什么是系统误差、偶然误差、疏忽误差?

答: 系统误差是在同一量的多次测量过程中,保持恒定或以可预知方式变化的测量误差。

偶然误差也称随机误差,是指在同一量的多次测量过程中,误差的绝对值和符号以不可预定的方式变化的误差。

疏忽误差是指超出规定条件下预期的误差。

La5C2002 常用哪些方法消除系统误差?

答: 测量误差中系统误差起着重要作用,它决定测量的正确程度。系统误差有一定的规律性,要针对这些规律采取不同的实验手段予以消除,常用的方法如下。

(1)消除已定系统误差的方法。包括:① 引入修正值;② 消除产生误差的因素;③ 替代法;④ 换位法;⑤ 正负误差补偿法。

(2)消除线性变化的系统误差可采用对称观察法。

La5C2003 什么是标准误差?

答: 标准误差是各测量值误差的平方和的平均值的平方根,又称为均方误差。

La5C2004 交、直流放大器的特点有什么不同?

答: 交流放大器不能放大直流信号。

直流放大器能放大直流信号,但对交流量的放大容易被直流量所淹没。

La5C2005 什么是运算放大器?

答: 是一种具有高放大倍数,并带有深度负反馈的直接耦合放大器，通过由线性或非线性元件组成的输入网络或反馈网络，可以对输入信号进行多种数字处理。

La5C2006 对功率放大器的主要要求是什么？

答：功率放大器要求具有足够的功率输出，失真要小，效率要高，阻抗要匹配。

La5C2007 什么叫晶闸管的维持电流？

答：维持电流是指维持晶闸管导通的最小阳极电流。

La5C3008 单相半波整流电路中，二极管的反向电压（最大值）为 U_2（U_2 为变压器二次侧输出交流有效值电压）的多少？与全波整流电路相比，承受的反向电压哪个大？电源变压器的效率哪个高？

答：在单相半波整流电路中，二极管的反向电压（最大值）为 $\sqrt{2}U_2$，即交流电源的幅值。单相半波整流电路和全波整流两个电路中，二极管承受的反向电压相同，全波整流电路中电源变压器的效率高。

La5C3009 试简述整流电路中滤波电容的工作原理。

答：滤波电容的作用是使滤波后输出的电压为稳定的直流电压。其工作原理是整流电压高于电容电压时电容充电，整流电压低于电容电压时电容放电，在充放电的过程中，使输出电压基本稳定。

La5C3010 双稳态电路有什么特点？

答：双稳态电路有两个特点：

（1）该电路有两个稳定状态。

（2）只有在外加触发信号作用时，电路才能从一个稳定状态转到另一个稳定状态。

La5C3011　什么是互感现象？互感电动势的大小和方向应遵守什么定律？

答：一个绕组中的电流变化，致使另一个绕组产生感应电动势的现象称作互感现象。

互感电动势的大小和方向分别遵守法拉第电磁感应定律和楞次定律。

La5C3012　试说明三相电力变压器并联运行的条件是什么，若不满足会产生什么危害。

答：（1）并联条件。相序相同、变比相同、接线组别相同、短路阻抗相等。

（2）若前三者不满足，则会在并联运行的变压器间产生巨大的环流而烧毁变压器；若短路阻抗不相等，则会造成运行时变压器间负荷分配不均，影响变压器并联运行的效率和总容量。

La5C3013　为什么大中型直流电动机不允许直接启动？启动时一般采用哪些启动方法？

答：直流电动机直接启动时，因启动瞬间反电动势为零，故启动电流为端电压除以电枢电阻。因电枢电阻较小，所以直接启动时，启动电流一般为额定电流的 $10\sim20$ 倍，而如此大的电流会对电动机本身、电网、机械传动系统产生非常大的危害，甚至毁坏电动机。

一般采用降压启动和电枢回路串电阻启动两种方式。

La5C3014　试简述变压器中铁芯发热的原因和减少发热的方法。

答：变压器铁芯发热的主要原因是磁滞损耗、涡流损耗和绕组的传导热量。要减少铁芯的发热首先要加强冷却，其次应采用磁化特性较好的硅钢片，最后应增大硅钢片间的电阻。

La5C3015 正弦量的有效值是否就是正弦量的平均值？为什么？

答：正弦量的有效值不是正弦量的平均值。因为有效值等于瞬时值的平方在一个周期内的平均值，和同值直流量作用于同一电阻时产生的热量相等；而正弦量的平均值为零。

La5C3016 试简述同频率正弦量相位差是如何计算的，它与时间是否相关。

答：同频率正弦量的相位差即等于它们的初相位差，与时间无关。

La5C3017 电功率和电能的相互关系如何？是否电功率越大，电能就越大？

答：电能是电功率在时间坐标上的积分（或电功率是表示电能变化的快慢）。电功率越大，电能不一定就大。

La5C3018 什么是 RC 电路的时间常数？它的大小对电路的响应有什么影响？

答：RC 电路的时间常数为 R 与 C 的乘积。时间常数越大，响应就越慢，反之则越快。

La5C4019 二极管的主要参数有哪几个？

答：二极管的主要参数有如下四个：

（1）最大整流电流。

（2）反向电流。

（3）工作频率。

（4）最大反向工作电压。

La5C4020 两台三相变压器并联运行必须满足哪些条件？

答：两台三相变压器并联运行必须满足以下条件：

(1）相序相同。

（2）组别相同。

（3）变比相等。

（4）短路阻抗相等。

La5C4021　将 *N* 级放大电路串联后，放大倍数和通频带将如何变化？

答：放大倍数增大，通频带变窄。

Lb5C1022　什么叫复合调节系统？

答：复合调节系统是指开环调节和闭环调节相互配合使用的调节系统。

Lb5C2023　什么是调节器参数整定？

答：调节器接入实际系统后，确定它的比例带、积分时间和微分时间的工作，就是调节器参数整定。

Lb5C2024　什么叫开环控制系统？

答：开环控制系统是指系统的输出量对系统的调节作用没有影响的系统，即控制设备和控制对象在信号关系上没有形成闭合回路。

Lb5C2025　什么是协调控制？

答：协调控制是利用汽轮机和锅炉协调动作来完成机组功率控制的任务，是一种以前馈—反馈控制为基础的控制方式。

Lb5C3026　热工测量仪表由哪几部分组成？各部分起什么作用？

答：热工测量仪表由感受件、中间件和显示件组成。

感受件直接与被测量对象相联系，感受被测参数的变化，并将被测参数信号转换成相应的、便于进行测量和显示的信号输出。中间件将感受件输出的信号直接传输给显示件或进行放大和转换，使之成为适应显示元件的信号。显示件向观察者反映被测参数的量值和变化。

Lb5C3027   温度测量有哪几种常用元件？

答：常用的温度测量元件有热电阻、热电偶、双金属温度计、膨胀式温度计。

Lb5C3028   请叙述标准节流装置的适用条件。

答：标准节流装置适用于：① 圆形管道中的单相、均质流体的流量；② 流体充满管道，在节流件前、后一定距离内不发生相变或析出杂质，流速小于声速；③ 流动属于非脉动流，流体在流过节流件前的流束与管道轴线平行，不得有旋转流；④ 流动状况为典型发展的紊流。

Lb5C3029   自动调节系统由哪两部分组成？组成自动调节系统最常见的基本环节有哪些？

答：（1）自动调节系统由调节对象和调节装置两部分组成。

（2）组成自动调节系统最常见的基本环节有一阶惯性环节、比例环节、积分环节、微分环节、迟延环节。

Lb5C4030   什么叫智能变送器？它有什么特点？

答：智能变送器是一种带微处理器的变送器。它有如下主要特点：

（1）精确度高，一般为±0.05%～±0.1%。

（2）有软件信号处理功能，线性度好。

（3）有温度、压力补偿功能。

（4）量程调节范围大。

（5）可远距离传输、参数修改、诊断及通信。

（6）可靠性高，维护量小。

Lb5C4031　锅炉炉膛的的作用是什么？

答：炉膛的作用有以下三个：

（1）有足够的空间，使燃料在短暂的停留时间内得到完全燃烧，同时在炉内能布置一定的受热面，降低烟气温度，保证炉膛出口及其后面的受热面运行安全。

（2）在炉膛内形成良好的气体流动工况，火焰对炉膛有较高的充满程度，避免火焰直接冲刷炉墙，防止结渣。

（3）保证炉膛内的热负荷分布均匀，炉膛四周的水冷壁管的水循环能安全运行。

Lb5C4032　旁路控制系统应具有哪两方面的功能？

答：为了适应旁路系统的功能要求，旁路控制系统应具有以下两方面的功能：

（1）在正常情况下的自动调节功能，按固定值或可变值调节旁路系统蒸汽的压力和温度。

（2）在异常情况下的自动保护功能。这时要求快速开启或快速关闭旁路阀门，以保护运行设备。

Lb5C5033　什么叫闭环控制系统？

答：闭环控制系统即反馈控制系统，是指系统的输出量对系统的调节作用有直接影响的系统，即控制设备和控制对象在信号关系上形成的闭合回路。

Lb4C2034　什么叫气动仪表的耗气量？

答：每个气动仪表单位时间内所消耗的工作气体的量，叫做该气动仪表的耗气量，常用的单位为 L/h。

Lb4C2035　流体通过调节阀时,其对阀芯的作用有几种类

型？

答：流体通过调节阀时，其流向对阀芯的作用有两种：一种是使阀门有开启的趋势，该类结构的阀芯叫流开式阀芯；另一种是使阀门有关闭的趋势，该类结构的阀芯叫流闭式阀芯。

Lb4C3036　什么叫旁路？什么叫 30%旁路？

答：锅炉产生的新蒸汽和再热蒸汽因故不需要通过汽轮机便可直接进入凝汽器的一种特殊管道，称为旁路。旁路可通过的蒸汽流量为额定流量的 30%，称为 30%旁路。

Lb4C3037　什么叫汽轮机调节阀门的重叠度？

答：当汽轮机进汽采用喷嘴调节时，前一个调节阀门还尚未完全开启时，另一个调节阀门就开启，这就是调节阀门的重叠度。调节阀门的重叠度一般为 10%，即前一个调节阀门开到90%时，第二个调节阀门就动作开启。

Lb4C3038　燃烧器的作用是什么？

答：燃烧器的作用是将燃料和一次风喷入炉膛，使燃料能迅速而稳定地着火，并合理供应二次风，安排良好的燃烧过程。

Lb4C3039　什么叫冗余？

答：冗余就是重复的意思。在计算机术语中，冗余是为减少计算机系统或通信系统的故障概率，而对电路或信息的有意重复或部分重复。

Lb4C3040　FSSS（锅炉安全监控系统）的主要功能是什么？

答：在锅炉燃烧的启动、停止和运行的任何阶段，防止锅炉的任何部位积聚爆炸性的燃料和空气的混合物，防止损坏蒸汽发生器或燃烧系统设备，同时连续监视一系列参数，并能对异常工况作出快速反应。这是发电厂设备启动、运行和停机操作的基础。

Lb4C3041　简述凝汽系统的作用以及主要包括的设备。

答：凝结水系统和真空抽气系统在一起构成了汽轮机组的凝汽系统。凝汽系统的作用是建立并维持汽轮机排汽口的高度真空，使蒸汽在汽轮机内膨胀到很低的压力，增大蒸汽的可用焓降，提高机组的循环热效率，并收回排汽的凝结水供锅炉重复使用。

凝汽系统主要包括凝汽器、循环水泵、凝结水泵、主抽气器、启动抽气器、胶球清洗装置及循环水的冷却设备等。

Lb4C3042　什么叫冗余校验？

答：冗余校验是通过数位组合是否非法来实现校验的，用称作校验位的冗余位检测计算机所造成的错误。具体做法是：由输入数据的冗余码计算出输出数据的冗余码，然后与结果的冗余码进行比较，判断是否一致。这种冗余码在加法器电路采用偶数时选择奇数。冗余校验一般用于运算电路中。

Lb4C3043　DCS 最常用的网络拓扑结构有哪几种？为了提高其系统的可靠性又采用哪几种结构方式？

答：DCS 最常用的网络结构有星形、总线型、环形。

为了提高其工作可靠性常采用冗余结构，其结构方式主要包括多重化组成的自动备用方式和后备手操方式。

Lb4C3044　常用调节阀的静态特性有哪些？

答：常用调节阀门静态特性有以下四种：

（1）直线特性。

（2）等百分比特性。

（3）抛物线特性。

（4）快开特性。

Lb4C4045　在什么情况下，低压旁路隔离阀快速关闭，以保护凝汽器？

答：在下列情况下：

（1）凝汽器压力高。

（2）凝汽器温度高。

（3）喷水压力低。

（4）主燃料跳闸。

低压旁路隔离阀快速关闭，以保护凝汽器。

Lb3C2046　什么是调节阀门的理想流量特性？

答：调节阀门的静态特性，即理想流量特性，是指当调节阀前后差压一定时，介质的相对流量（实际流量和额定流量之比）和阀门相对开度之间的关系。

Lb3C2047　什么叫汽轮发电机组变压运行方式？

答：汽轮发电机组变压运行方式，也叫滑压运行方式，是指由控制系统给出的主汽压给定值随负荷而变，即高负荷时，汽压给定值高；低负荷时，汽压给定值低。运行中控制系统保持住汽压等于其给定值，即也是随负荷而变化的。

Lb3C3048　如何进行给水调节系统的运行维护？

答：（1）给水调节系统投入自动运行后，必须加强监督和维护。

（2）每天对调节系统的各部分认真进行现场巡视检查，发现问题要及时处理。

（3）要定期进行调节系统的各种扰动实验，并作好实验记录。

（4）定期冲洗取样管路。

Lb3C3049 DCS 对现场 I/O 量的处理可以分为近程 I/O 和远程 I/O 两种，说明两者的区别与关系。

答：（1）区别。近程 I/O 是将过程量直接通过信号电缆引入计算机，其信号电缆传输的是模拟量信号。远程 I/O 通过远程终端单元实现现场 I/O，在远程终端单元和计算机之间通过通信线路实现连接和信号的交换，其通信电缆传输的是数字量。

（2）关系。它们都要完成对现场过程量的数据采集。

Lb3C3050 DEH 控制系统主要有何功能？

答：DEH 控制系统主要有以下功能：① 自动启动功能；② 负荷自动控制功能；③ 手动操作功能；④ 超速保护功能；⑤ 自动紧急停机功能。

Lb2C3051 简述扩散硅压力变送器测量桥路的作用。

答：扩散硅压力变送器测量桥路主要有以下三个作用：

（1）获得变送器的线性输出。

（2）有利于环境温度补偿。

（3）改变反馈电阻的阻值，可以调整变送器的输出灵敏度，改变测压量程。

Lc5C2052 电力安全规程中"两票三制"指的是什么？

答："两票"是指：① 操作票；② 工作票。

"三制"是指：① 设备定期巡回检测制；② 交接班制；③ 冗余设备定期轮换制。

Lc3C3053 全面质量体系的构成要素有哪些？

答：全面质量体系的构成要素主要包括：质量方针、质量目标、质量体系、质量策划、质量成本、质量改进、质量文化及质量审核。

Lc2C2054　现场质量管理的目标和任务是什么？

答：现场质量管理的目标，是生产符合设计要求的产品，或提供符合质量标准的服务，即保证和提高符合性质量。

现场质量管理的任务为四个方面，包括质量缺陷的预防、质量的维持、质量的改进，以及质量的评定。

Lc2C2055　热工仪表及控制装置技术监督的范围有哪些？

答：（1）热工参数检测、显示、记录系统。

（2）自动控制系统。

（3）保护连锁及工艺信号系统。

（4）顺序控制系统。

（5）计量标准器具和装置。

Lc2C2056　6S 管理的内容和作用是什么？

答：6S 管理的内容是整理（SEIRI）、整顿（SEITON）、清扫（SEISO）、清洁（SEIKETSU）、素养（SHITSUKE）、自检（SELF-CRITICISM ）六个项目，因均以"S"开头，简称 6S。

6S 管理的作用是提高效率，保证质量，使工作环境整洁有序，预防为主，保证安全。

Lc1C3057　企业开展 6S 管理的意义是什么？

答：6S 管理是现代企业行之有效的现场管理理念和方法。其根本意义是打造具有竞争力的企业，建设一流素质的员工队伍，提升企业形象，提高产品质量，提高安全水平和工作效率，构筑企业品质文化，形成企业核心竞争力的基础。

Lc1C3058　什么是选择性催化还原（SCR）法脱硝技术？

答：选择性催化还原（SCR）法脱硝技术是指在催化剂和氧气存在的条件下，在较低的温度范围（280～420℃）内，还原剂有选择地将烟气中的 NO_x 还原生成为 N_2 和水来减少 NO_x 排放的技术。因为整个反应具有选择性和需要催化剂存在，故称之为选择性催化还原（SCR）。

Lc1C3059　质量管理小组有什么作用？

答：质量管理小组的作用包括：① 有利于改变旧的管理习惯；② 有利于开拓全员管理的途径；③ 有利于推动产品创优活动；④ 有利于传播现代管理思想和方法；⑤ 有利于创造更多的经济效益。

Jd5C3060　电焊时引弧、收弧各有哪几种手法？

答：引弧有摩擦法、敲击法；收弧有转移法、叠堆法。

Jd5C4061　试述锯条在锯削过程中折断的主要原因。

答：主要原因有：

（1）锯条装得过紧或过松。

（2）工件抖动或松动。

（3）锯缝歪斜。

（4）锯缝歪斜后强力校正。

（5）锯削时压力太大。

（6）锯条被锯缝咬住。

（7）锯条折断后，新锯条从原锯缝锯入。

Jd2C1062　系统稳定性的定义是什么？

答：系统受到外界扰动作用，其输出偏离平衡状态，当扰动去除后，经足够长的时间，若系统又恢复到原来的平衡状态，则系统是稳定的；反之，若系统的瞬态响应随时间的推移，或发散或持续振荡，则系统不稳定。

Je5C1063　工业调节器的基本运算规律有哪些？

答：工业调节器的基本运算规律有比例（P）运算、比例积分（PI）运算和比例积分微分（PID）运算。

Je5C1064　PID 自动调节器有哪些整定参数？
答：有比例带、积分时间、微分时间三个整定参数。

Je5C2065　什么是热工信号系统？
答：热工信号系统根据热力设备的运行状态，监视热力系统中的各参数，一旦它们越出安全界限便立即发出声、光信号，提醒运行人员注意的一种装置。

Je5C2066　什么是两线制？两线制有什么优点？
答：两线制是指现场变送器与控制室仪表的连接仅有两根导线，这两根线既是电源线又是信号线。

与四线制相比，两线制的优点包括：① 可节省大量电缆和安装费；② 有利于安全防爆。

Je5C2067　什么叫环节的静态特性和动态特性？
答：环节的输入信号和输出信号处于平衡状态时的关系称为静态特性，它们在变动状态时的关系称为动态特性。

Je5C2068　什么是调节器的"正"、"反"作用？
答：调节器的输出值随正偏差值的增加而增加的，为"正"作用；调节器的输出值随正偏差的增加而减小的，为"反"作用。

Je5C3069　盘内接线的技术要求有哪些？
答：盘内配线的基本技术要求为：按图施工、接线正确；连接牢固、接触良好；绝缘和导线没有受损伤；配线整齐、清晰、美观。

Je5C3070　汽包锅炉装置主要有哪几个调节系统？

答：汽包锅炉装置主要调节系统有汽包锅炉的给水调节系统、主蒸汽温度调节系统和汽包锅炉燃烧调节系统。

Je5C3071　调节过程的基本形态有哪几种（指阶跃扰动输入下）？

答：有以下四种形式：

（1）非周期过程。其中又可分为单调变化的和有单峰值的两种形式。

（2）衰减振荡过程。

（3）等幅振荡过程。调节系统扰动作用后不能达到新的平衡，被调量和调节作用都作等幅振荡。这种情况称为"边界稳定"。

（4）发散振荡过程。

Je5C3072　阀位变送器的作用是什么？

答：阀位变送器的作用是将气动执行机构输出轴的转角（0°～90°）线性地转换成 DC 4～20mA 信号，用以指示阀位，并实现系统的位置反馈。因此，阀位变送器应具有足够的线性度和线性范围，才能使执行机构输出轴紧跟调节器的输出信号运转。

Je5C3073　简述节流装置的测量原理。

答：充满管道的流体流经管道内的节流装置，流束将在节流件处形成局部收缩，从而使流速增加，静压力降低，于是在节流件前后产生了静压力差。流体流量越大，在节流件前后产生的差压也就越大，所以可通过测量差压来衡量流体流过节流装置时流量的大小。这种测量方法是以能量守恒定律和流动连续性方程为基础的。

Je5C3074　电动操作器的主要功能是什么？

答：电动操作器一般具有下列功能：① 实现手动远方操作；② 实现手动/自动无扰切换。

Je5C3075　DEH 应对哪些主要信号进行多重测量处理？

答：DEH 对以下信号进行了三选二处理：转速信号、油开关状态、汽轮机自动停机挂闸（ASL）状态、发电机有功功率、主蒸汽压力，以及调节级压力。

Je5C3076　对热工各连接管路应如何检查？

答：主要检查管路，即蒸汽、空气管路和水管路是否有接错、堵塞和泄漏现象。

Je5C3077　热工控制回路应如何进行现场检查？

答：控制回路的连接要全部经过检查，验明是否符合图纸要求，是否有接错之处，导线对地和导线之间的绝缘是否符合规定，导线接头接触是否良好。

Je5C3078　什么是调节系统中的无扰切换？

答：一个调节系统由手动切换到自动，或由自动切换到手动，都不应该影响调节器输出的变化（跃变）。这种手动和自动之间的相互切换不影响调节器输出的操作，称为双向无扰动切换。只有手动切自动或自动切手动时是无扰的切换才称为单向无扰切换。

Je5C3079　简要说明取样管路安装前应做哪些工作。

答：取样管安装前应做以下工作：

（1）管路材质和规格的检查。

（2）导管的外观检查。

（3）导管内部清洗工作。

Je5C3080 试分析 PI 调节器比例带对调节过程的影响。

答：增大比例带可减少调节过程的振荡，但会增加被调量的动态偏差；减小比例带可减少被调量的动态偏差，但会使调节过程更趋振荡。

Je5C4081 任何单位和个人在发现火警的时候，都应当迅速、准确地报警，并积极参加扑救，试述火灾报警的要点有几条，内容是什么。

答：要点有四条，内容如下：

（1）火灾地点。

（2）火势情况。

（3）燃烧物和大约数量。

（4）报警人姓名及电话号码。

Je5C4082 DKJ 电动执行器在所对应的位置上，振荡次数超过 1.5 周期时如何处理？

答：调整稳定电位器使之稳定，但需防止调整过量使放大器灵敏度过低或无输出。

Je5C4083 1151 变送器如何进行零点迁移？

答：1151 变送器零点迁移步骤如下：

（1）在迁移前先将量程调至所需值。

（2）按测量的下限值进行零点迁移，输入下限对应压力，用零位调整电位器调节，使输出为 4mA。

（3）复查满量程，必要时进行细调。

（4）若迁移量较大，则需先将变送器的迁移开关（接插件）切换至正迁移或负迁移的位置（由迁移方向确定），然后加入测量下限压力，用零点调整电位器把输出调至 4mA。

Je5C4084 简述什么是模拟量控制系统。

答：模拟量控制系统是通过前馈和反馈作用对机炉及辅助系统的过程参数进行连续自动调节的控制系统的总称，包含过程参数的自动补偿和计算、自动调节、控制方式无扰动切换，以及偏差报警等功能。

Je5C4085　切除除氧器压力自动调节系统的要求是什么？

答：（1）稳定运行工况下，除氧器压力超出报警值。

（2）当调节阀已全开而压力仍然继续下降，或调节阀已全关而压力仍继续上升时。

（3）除氧器运行方式改变，不符合自动调节的要求。

Je5C4086　什么是元件的静态特性和动态特性？

答：特性是指系统或元件的输出信号与输入信号之间的函数关系。在平衡状态里，输出信号与输入信号之间的函数关系称为静态特性，也称为稳态特性。在状态变动时，即输出信号和输入信号都随时间变化时，二者之间的函数关系称为动态特性，也叫瞬态特性。

Je5C4087　什么是机组调节系统的动态品质指标和稳态品质指标？

答：动态品质指标是指机组控制系统在受到内外扰动时，动态调节过程中被调参数偏离新给定值的允许偏差指标。

稳态品质指标是指机组控制系统在机组负荷变动率小于$1\%P_e$/min、无明显内外扰动时，被调参数偏离给定值的允许偏差以及对控制系统稳定性的要求（P_e为机组额定负荷）。

Je5C4088　汽轮机保护项目主要有哪些？

答：主要有凝汽器真空低保护、润滑油压力低保护、主机超速保护、转子轴向位移保护、汽轮机防进水保护、轴承振动保护、胀差保护等。

Je5C4089　对气动仪表信号管路的严密性有什么要求？

答：气动仪表的信号管路不能泄漏。如有泄漏，会影响仪表及其系统的正常工作。因此要求在安装或检修后都进行严密性试验。

根据电力建设施工及验收技术规范的规定，必须用 1.5 倍的工作压力（150kPa）进行严密性试验，并要求在 5min 内压力降低值不大于 0.5%（750Pa）。

Je5C4090　评定调节系统的性能指标有哪些？

答：为了衡量和比较调节系统的工作品质，通常可以以过渡曲线上的几个特征数值作为性能指标，它们是被调量的稳态误差 $y(\infty)$、最大动态误差 $y_{\max}$、调节过程时间 t_s 及调节量的超调量 σ_p。

Je5C4091　什么是机组负荷响应纯迟延时间？

答：机组负荷响应纯迟延时间是指负荷扰动试验开始后实际负荷变化的迟延时间，即从负荷指令开始变化的时刻到实际负荷发生与指令同向连续变化的时刻所经历的时间。

Je5C4092　调节机构在自动调节系统中起何重要作用？

答：调节机构是自动调节系统的组成部分之一，在一般的热工自动调节系统中用它来调节流入、流出调节对象的物质或能量，以实现对工业生产过程中各种热工参数的自动调节。一个设计得很合理的自动调节系统，如果调节机构的工作特性不好或可调范围不够，仍然会使调节系统发生问题甚至不能工作。实践表明，调节系统的调节品质不好或调节系统发生故障，经常是由于调节机构有问题造成的。

Je5C4093　前馈调节的特点是什么？

答：前馈调节的特点有两个：一是扰动调节快于偏差调节，

可以有效地制止被调节量的变化；二是没有被调节量的反馈，调节结束后不能保证被调节量等于给定值。因此前馈调节实际上不能单独应用。

Je5C4094　气动阀门定位器起什么作用？它按什么原理进行工作？

答：在执行机构工作条件差而要求调节质量高的场合，都把气动阀门定位器与气动执行机构配套使用，组成闭环回路，利用负反馈原理来改善调节精度，提高灵敏度和稳定度，从而使阀门能按输入的调节信号精确地确定自己的开度。气动阀门定位器是一个气压——位移反馈系统，按位移平衡原理进行工作。

Je5C4095　燃烧调节系统的调整应遵循哪些原则？

答：主要遵循下列三个原则：

（1）要在燃料量、送风量、引风量三个子调节系统协调动作的基础上进行整定。

（2）调节系统中的有关系数一般是以满足稳态配比的原则来确定，以保证燃料量、送风量和引风量满足适当的比例关系。

（3）燃烧调节系统中的三个调节量（燃料量、送风量、引风量）和三个被调量（汽压、过量空气系数和炉膛压力）在动态过程中不允许有过分的超调。

Je5C4096　影响选择性催化还原（SCR）法脱硝性能的主要因素有哪些？

答：主要有以下因素：

（1）催化剂的类型、结构和体积。

（2）反应温度。

（3）氨气输入量与烟气的混合效果。

Je5C5097　如何调整伺服放大器的不灵敏区？

答：常用的方法是通过调节负反馈深度来改变放大器的放大倍数，以调整放大器的不灵敏区。首先，调节磁放大器中的调稳电位器。当执行器产生振荡时，应增大不灵敏区。如仍不能消除振荡，则可以减小反馈回路的电阻，以加大负反馈的深度；或者减小偏移电阻，以增大偏移电流，加深磁放大器铁芯的饱和状态；还可以调整磁放大器输出端的电阻，以降低输入触发器的有效电压值。

Je5C5098　角行程电动执行器"堵转"是否会烧坏电动机？为什么？

答：一般电动机"堵转"时，定子绕组通过的电流与启动电流一样大，时间过长，因温升过高就会烧坏电动机。但执行器电动机采用加大转子电阻的方法减小启动电流，其特性为既有一定启动力矩，又能在长期"堵转"时使温升不超过规定值。所以电动执行器"堵转"不会烧坏电动机。

Je5C5099　质量管理小组的任务是什么？

答：任务有以下几个方面：① 抓教育，提高质量意识；② 抓活动，不断提高成果率；③ 抓基础，强化班组管理；④ 抓自身建设，不断巩固提高。

Je5C5100　试简述单相异步电动机的工作原理。

答：因单相电源无法产生旋转磁场，故一般单相异步电动机采用移相的方式（电容或阻尼）来产生旋转磁场。在旋转磁场的作用下，转子感应出电流并与旋转磁场相互作用产生旋转转矩，带动转子转动。

Je5C5101　串级调节系统中用临界比例带法决定副调节器的整定参数 $\delta_{\alpha 1}$ 的步骤有哪些？

答：步骤如下：

（1）主、副回路投入闭环，主调节器参数放置于 $\delta_{\alpha2}$=100%，$T_i=\infty$，T_D=0，副调节器参数 $\delta_{\alpha1}$ 放置于任意值。

（2）改变副调节器的比例带 $\delta_{\alpha1}$，使副回路产生不衰减振荡，记下此时的比例带 $\delta_{\alpha1}^*$。

（3）副调节器的整定值 $\delta_{\alpha1}$=2$\delta_{\alpha1}^*$。

Je5C5102　常用的汽轮机轴向位移测量是如何实现的？

答：汽轮机轴向位移测量，是在汽轮机的轴上做出一个凸缘，把电涡流传感器放在凸缘的正前方约 2mm 处。一般是利用推力轴承作为测量的凸缘，所测位移又和推力大小有内在联系，即可用位移来说明推力情况，所测出的位移基本上是稳定的。整个测量系统由传感器、信号转换器、位移监视器组成。

Je4C2103　对象的飞升速度 ε 指的是什么？

答：ε 是指在单位阶跃扰动作用下，被测量的最大变化速度。

Je4C2104　对象的时间常数 T 指的是什么？

答：对象的时间常数 T，是表示扰动后被测量完成其变化过程所需时间的一个重要参数，即表示对象惯性的一个参数。T 越大，表明对象的惯性越大。

Je4C2105　比例控制作用有何特点？

答：比例作用的特点有以下三个：

（1）速度快。

（2）输出无迟延。

（3）调节结束后被控量有静态偏差。

Je4C2106　微分控制作用有何特点？

答：微分作用的特点有以下三个：

（1）输出信号与输入信号的变化速度成正比。

（2）不能单独用来作为调节规律。

（3）消除了动态偏差。

Je4C3107 积分环节阶跃响应的特点是什么？

答： 积分环节阶跃响应的特点是只要输入信号存在，输出信号就按直线一直积累下去，当输入信号消失后，输出信号便会稳定在某一数值。

Je4C3108 低压旁路喷水阀与低压旁路蒸汽阀之间采用何种跟踪调节方式？

答： 采取比例跟踪调节方式。当低压旁路阀开启后，喷水阀将按设定的比例系数进行跟踪，在线路设计上考虑了比例系数的压力和温度校正。当低压旁路阀出口蒸汽压力与温度上升时，比例系数将按一定规律增大，增加喷水阀的喷水量，保持低压旁路蒸汽阀出口蒸汽温度为较低值。

Je4C3109 什么是自动发电控制？

答： 根据电网负荷指令，控制发电机有功功率的自动控制系统称为自动发电控制（Automatic Generation Control），简称AGC。

Je4C3110 当减温水量已增至最大，过热蒸汽温度仍然高时，可采取哪些措施降低汽温？

答：（1）调整锅炉燃烧，降低火焰中心位置。

（2）在允许范围内减少过量空气量。

（3）适当降低锅炉蒸发量。

Je4C3111 如何实现串级调节系统的自动跟踪？

答： 串级调节系统有两个调节器，必须解决两个调节器的自动跟踪问题。一般来说，副调节器与执行机构是直接相关的，副调节器必须跟踪执行机构的位置（或称阀位信号），在先投入副调节回路时才不会产生扰动。

副调节器的给定值为主调节器的输出，它与中间被调参数平衡时就不会使副调节器动作，因此主调节器的输出应跟踪使副调节器入口随时处于平衡状态的信号。例如串级汽温调节系统，主调节器可跟踪减温器后的蒸汽温度，副调节器可跟踪减温调节门的开度。

Je4C3112　过热蒸汽温度调节的任务是什么？

答：过热蒸汽温度调节的任务是维持过热器出口汽温在允许范围内，使过热器管壁温度不超过允许的工作温度，并给汽轮机提供合格的过热蒸汽，保证主设备安全经济运行。

Je4C3113　汽包锅炉燃烧自动调节的任务是什么？

答：汽包锅炉燃烧自动调节的任务是：

（1）维持汽压恒定。

（2）保证燃烧过程的经济性。

（3）调节引风量，使之与送风量相适应，以维持炉膛负压在允许范围内变化。

Je4C3114　为什么工业生产中很少采用纯积分作用调节器？

答：积分作用的特点是只要有偏差，输出就会随时间不断增加，执行器就会不停地动作，直到消除偏差，因而积分作用能消除静差。

单纯的积分作用容易造成调节动作过头而使调节过程反复振荡，甚至发散，因此工业生产中很少采用纯积分作用调节器。只有在调节对象动态特性较好的情况下，才有可能采用纯积分调节器。

Je4C3115　何谓水位全程调节？

答：锅炉水位全程调节，就是指锅炉从上水、再循环、升压、带负荷、正常运行及停止的全过程都采用自动调节。

Je4C3116　在温度自动调节系统投入前应做哪些试验？

答：温度自动调节系统在投入前应做过热蒸汽温度动态特性试验、再热蒸汽温度动态特性试验和减温水调节门的特性试验。

Je4C3117　单元机组主控系统目前有哪两种不同的结构形式？

答：一种结构形式是将主控系统的各功能元件组成一个独立的控制系统，而机组的其他控制系统和一般常规系统类似，它们可接受来自主控系统的指令；另一种结构形式是将主控系统的各功能元件分别设置在汽轮机和锅炉的控制系统之中，在形式上没有独立的主控系统。

Je4C3118　超声波物位检测主要有哪两种方式？

答：一种是声波阻断式，即利用声波在气体、液体和固体介质中的吸收衰减不同，来检测在超声波探头前是否有液体或固体物料存在；另一种是可以连续测量物位变化的超声波物位计，它是利用超声波在介质的分界面上会产生反射的特性来检测物位的。

Je4C3119　用孔板测量流量，孔板装在调节阀前为什么是合理的？

答：在节流装置测量流量的理论推导中，理论上有两个假设，即流体是流动连续的，并且流体流动过程中遵守能量守恒定律。这就要求孔板不能安装在气液两相并存的地方，以免增大测量误差。有的液体经调节阀减压后，有时会有部分汽化，形成两相并存。因此，流量孔板应尽量安装在调节阀前，这种安装方式是合理的。

Je4C3120　为什么热工自动调节主要研究阶跃响应？

答：在阶跃输入信号下输出信号随时间变化的规律称为阶跃响应。阶跃输入对自动调节系统来说是最严峻的一种扰动，若系统在阶跃输入扰动下能达到预期的性能指标，那么在等量的其他典型输入振动下就更能满足要求，所以热工自动调节主要研究阶跃响应。

Je4C3121　汽轮机调速系统的作用是什么？

答：汽轮机调速系统的作用是：控制汽轮机的转速，使汽轮发电机能并入电网，接带负荷，并保持给定的输出功率；当电网负荷变化时能按特性曲线增减负荷，并可通过调速系统调整电网的频率；当机组运行中甩负荷时，能控制机组的转速飞升。

Je4C3122　试述为什么前馈作用能改善调节质量。

答：前馈作用不是建立在反馈调节基础上的，而是根据扰动补偿原理工作的，即当扰动发生时就发出调节信号，及时克服干扰可能造成的不利影响，从而改善调节质量。

Je4C3123　具备哪些条件才能进行汽包锅炉水位调节系统的投入工作？

答：一般应具备以下条件方可投入工作：

（1）锅炉运行正常，达到向汽轮机送汽的条件。

（2）主给水管路为正常运行状态。

（3）汽包水位表、蒸汽流量表及给水流量表运行正常，指示准确，记录清晰。

（4）汽包水位信号及保护装置投入运行。

（5）汽包水位调节系统的设备正常，参数设置正确。

Je4C3124　火焰检测器的种类有哪些？

答：火焰检测器的种类主要有三种，即紫外线火焰检测器、可见光火焰检测器和红外线火焰检测器。

Je4C4125　在给水控制系统中，影响水位变化的主要因素有哪几个？

答：在给水控制系统中，影响水位变化的主要因素有锅炉的蒸发量（即负荷）、给水量、燃料量和汽包压力等。

Je4C4126　单元汽轮发电机组适应负荷改变的控制方式有哪几种？

答：单元汽轮发电机组适应负荷改变的控制方式有三种，即锅炉跟随、汽轮机跟随和协调控制方式。

Je4C4127　什么是线性系统的叠加原理？

答：线性系统的叠加原理是如果有几个输入同时作用于系统上，那么在输出端引起的总效果等于每个输入单独作用时所引起的效果之和。

Je4C4128　对屏蔽导线（或屏蔽电缆）的屏蔽层接地有哪些要求？为什么？

答：屏蔽层应一端接地，另一端浮空，接地处可设在电子装置处或检测元件处，视具体抗干扰效果而定。

若两侧均接地，屏蔽层与大地形成回路，共模干扰信号将经导线与屏蔽层间的分布电容进入电子设备，引进干扰；而一端接地，仅与一侧保持同电位，而屏蔽层与大地间构成回路，就无干扰信号进入电子设备，从而避免大地共模干扰电压的侵入。

Je3C2129　在什么情况下应切除直流锅炉汽轮机前主蒸汽压力调节系统？

答：（1）调节系统工作不稳定，主蒸汽压力偏离给定值，其偏差大于±0.3MPa。

（2）汽轮机调速系统调节机构发生故障。

（3）锅炉或汽轮机运行不正常。

（4）保护和连锁装置退出运行。

Je3C2130　DKJ电动执行器只能向一个方向运转，而当输入信号极性改变后执行器不动，试分析故障原因。

答：（1）检查放大器至电动机内的连线，若其中一条断路即造成此现象出现。

（2）输入信号极性改变时，两触发极应有交替的脉冲出现。如果一边无脉冲，原因可能如下：

1）晶体三极管击穿。

2）单位结晶体管BT31F断路或击穿，此时无脉冲，一边晶闸管不会导通。

Je3C2131　什么是汽轮发电机组的锅炉跟随控制方式？有什么特点？

答：汽轮发电机组的锅炉跟随控制方式就是汽轮机调整功率、锅炉跟随调整汽压的控制方式。即当电网要求负荷改变时，由汽轮机的自动控制系统根据负荷指令改变调节阀的开度，以改变汽轮发电机的输出功率。汽轮机前的蒸汽压力因此改变，锅炉的自动控制系统随之动作，改变锅炉燃烧率和其他调节量，以使汽轮机前的汽压维持为设定值。

这种控制方式的特点是：当负荷要求改变时，功率的初始响应快而汽轮机前汽压的动态偏差大。

Je3C2132　为什么要保证锅炉给水泵的最小流量？

答：锅炉给水泵是火电厂的重要辅助设备之一。当锅炉给水泵的流量小于要求的最小流量时，流过给水泵的给水会局部汽化，导致产生汽蚀而损坏给水泵，因此必须保证锅炉给水泵的最小流量。

Je3C3133　什么是汽轮发电机组的汽轮机跟随方式？有什么特点？

答：汽轮发电机组的汽轮机跟随方式即锅炉调整功率、汽轮机跟随调整汽压的控制方式：当电网要求负荷改变时，由锅炉的自动控制系统根据负荷指令去改变锅炉的燃烧率和其他调节量，以改变锅炉汽压，待锅炉汽压改变后，由汽轮机的自动控制系统去改变汽轮机的调节汽阀开度，以保持汽轮机前的汽压为设定值，同时改变汽轮发电机的输出功率。

这种控制方式的特点是：当负荷要求改变时，汽压的动态偏差小而功率的响应慢。

Je3C3134　什么叫积分分离？它在过程控制中有何作用？

答：积分分离是可编程调节器的一种特殊算法，即系统出现大偏差时，积分不起作用，只有比例和微分作用，而在系统偏差较小时，积分起作用。

采用积分分离，可在大偏差情况下迅速消除偏差，避免系统过调，同时可缩短过渡过程时间，改善调节质量。

Je3C3135　如何判断煤粉燃烧过程的风量调节为最佳状态？

答：一般通过如下几方面进行判断：

（1）烟气的含氧量在规定的范围内。

（2）炉膛燃烧正常稳定，具有金黄色的光亮火焰，并均匀地充满炉膛。烟囱烟色呈淡灰色。

（3）蒸汽参数稳定，两侧烟温差小。

（4）有较高的燃烧效率。

Je3C3136　汽轮机为什么要设胀差保护？

答：（1）汽轮机启动、停机及异常工况下，常因转子加热（或冷却）比汽缸快，产生膨胀差值（简称胀差）。无论是正胀差还是负胀差，达到某一数值，汽轮机轴向动静部分就要相碰发生摩擦。

（2）为了避免因胀差过大引起动静摩擦，大机组一般都设有胀差保护，当正胀差或负胀差达到某一数值时，保护动作，关闭主汽阀，紧急停机。

Je3C3137　电信号气动长行程执行机构的三断自锁保护是指什么？

答：三断自锁保护是指工作气源中断、电源中断、信号中断时，执行机构输出臂转角仍保持在原来位置上，自锁时通往上、下汽缸的气路被切断，使活塞不能动作，起到保护作用。

Je3C3138　DEH 调节系统的数字控制器接受哪几个反馈信号？

答：数字控制器接受机组的转速、发电机功率和调节级压力三个反馈信号。

Je3C3139　在锅炉汽温调节系统中，为何要选取减温器后的汽温信号作为导前信号？

答：选取减温器后的汽温信号作为局部反馈信号，可以通过各种动态关系反应干扰作用，是它们的间接测量信号，它比主蒸汽温度更能提前反映减温水的扰动。

Je3C3140　什么叫微分先行的 PID 调节器？

答：微分先行 PID 调节器实际是测量值先行，它可以减少测量信号的滞后，有利于提高调节品质。

Je3C4141　在单元机组负荷控制中，负荷指令处理模块的主要功能是什么？

答：主要功能有：

（1）正常情况下由 ADS 或运行人员变动负荷，并经速率限制产生负荷要求指令。

（2）正常情况下参与电网调频。

（3）变负荷速率限制手动设定。

（4）机组最大/最小负荷手动设定。

（5）快速返回、快速切断、迫升/迫降和主燃料跳闸时，负荷要求指令跟踪锅炉实际负荷指令。

Je3C4142　单元机组负荷控制的主要方式有哪些？

答：主要方式有：

（1）实现协调控制方式。

（2）实现锅炉跟随方式。

（3）实现汽轮机跟随方式。

（4）实现基本运行方式。

Je3C4143　MCS 系统应包含有哪些方向性闭锁保护功能？

答：MCS 系统应包含的方向性闭锁保护功能有：CCS 负荷指令增减闭锁；炉膛压力高/低送风机、引风机调节开/关闭锁；燃料量和风量交叉限制；其他设计要求控制系统实现的方向性闭锁等。

Je2C2144　对作为自动控制用的锅炉汽包水位信号有什么要求？

答：作为自动控制用的锅炉汽包水位信号应分别取自 3 个独立取样的差压变送器进行温度压力补偿和逻辑判断后的信

号，3 个独立取样的差压变送器信号应分别通过 3 个独立的输入/输出（I/O）模块或 3 条独立的现场总线，引入 DCS 的冗余控制器。每个汽包水位信号补偿用的汽包压力变送器应分别独立配置。

Je2C3145　具备哪些条件才能进行汽温调节系统的投入工作？

答：一般应具备以下条件方可进行投入工作：

（1）锅炉正常运行，过热蒸汽温度达到额定运行温度。

（2）机组负荷在 60%以上，再热蒸汽温度达到额定运行参数。

（3）减温水调节阀有足够的调节裕量。

（4）过热汽温表、再热汽温表指示准确、记录清晰。

（5）汽温调节系统的设备正常，参数设置正确。

Je2C3146　什么是二次调频？

答：二次调频是指当机组并网运行时，电网调度通过手动或自动方式对电网频率的干预过程。二次调频能够将电网的负荷变化转移到由预先指定的调频机组来承担，消除电网一次调频过程留下的频率偏差，使电网频率回到额定值。

Je2C3147　控制软件组态一般包括哪些内容？

答：包括以下几方面内容：

（1）根据过程控制系统方框图，确定算法功能块的类型。

（2）为功能块指定输入与输出信号。

（3）指出信号的处理方式。

（4）填写功能块所需要的参数等。

Je2C3148　采用平衡容器测量汽包水位时，产生误差的主要原因有哪些？

答：（1）运行时，如果汽包压力发生变化，会引起饱和水及饱和蒸汽的密度发生变化，造成差压输出有误差。

（2）设计计算平衡容器补偿管是按水位处于零水位情况下得出的，而运行时锅炉偏离零水位时会引起测量误差。

（3）汽包压力突然下降时，由于正压室内凝结水可能会被蒸发掉，而导致仪表指示失常。

Je2C3149　什么是 RB？

答：当发生部分主要辅机故障跳闸，使锅炉最大出力低于给定功率时，协调控制系统将机组负荷快速降低到实际所能达到的相应出力，并控制机组在允许参数范围内继续运行，该过程称为 RB。

Je2C3150　风量信号是否要进行温度修正？

答：送风调节系统中的风量信号一般取自送风机的入口风道。由于冬天和夏天的气温相差较大，入口风温也变化较大，在同样的压差条件下，质量流量相差较大，因此要进行温度修正。

如果风量取样装置在空气预热器出口，就要根据空气的最高温度和最低温度进行核算，在精确度要求范围内可以不进行温度修正。同时，预热器的漏风损失也可以不考虑。

Je1C3151　为什么要对负荷指令信号进行动态校正？

答：对于有中间再热器的单元机组，由于中间再热器的容积滞后，使中、低压缸的功率变化有一定惯性（惰性），对汽轮机带负荷不利，也不利于电网调频。为了提高汽轮机适应负荷变化的能力，在负荷要求改变时，对负荷指令信号进行动态校正，使汽轮机进汽阀多开（或多关）一些，然后再以一定的形式达到适当的开度，以满足负荷变化的需要。

Je1C3152 怎样校验带阀门定位器的调节阀？

答：一般阀门定位器和调节阀是一个整体。校验时，其方法同校验调节阀一样，只需校验输入信号与阀杆位移之间的关系。至于定位器输出是多少，它和输入信号的关系如何，则可以不考虑。

Je1C3153 什么是一次调频？

答：一次调频是指在电网负荷变化后，电网频率的变化将使电网中各台机组的功率相应地增大或减小，从而达到新的功率平衡，并且将电网频率的变化限制在一定的限度以内。

Je1C3154 简要说明机组并网后 DEH 系统定压与滑压运行的基本控制内容？

答：并网后，DEH 对机组的负荷调节有定压和滑压两种方式。定压方式下，DEH 控制调节阀门来调整功率。滑压方式下，DEH 控制调节阀门保持在某一位置，由锅炉调节蒸汽压力，来控制机组负荷。为提高机组在滑压方式下的效率，DEH 中还设计了"3 阀全开"运行模式，这时汽轮机的所有阀门均无节流损失。

Je1C3155 火力发电厂模拟量控制系统应满足的动态品质指标主要有哪些？

答：火力发电厂模拟量控制系统应满足的动态品质指标主要有给定值扰动下的过渡过程衰减率、稳定时间、最大动态偏差；负荷变动时，应满足的动态品质指标还有实际负荷变化速率、负荷响应延迟时间。

Je1C3156 什么是模拟量控制系统的稳态和动态？

答：模拟量控制系统在没有受到外来干扰时，设定值不变，被调量也不随时间而变化，系统处于稳定平衡的工况，这种状态称为稳态。当模拟量控制在设定值改变，或受到来自于系统外部、内部的扰动影响以后，原来的稳态遭到破坏，系统中各组成部分的输入/输出也都相继发生变化。尤其是被调量也将偏离原稳态值而随时间变化，系统的这种状态称为动态。

Je1C3157　DCS 电源系统一般采用哪种方式供电？

答：DCS 的电源系统，通常采用 1:1 冗余供电方式，一路由机组的大 UPS 供电，另一路由电厂的保安电源供电，任何一路电源发生故障都不会影响过程控制单元的模件及现场 I/O 模件的正常工作。

Jf2C2158　为什么锅炉启动后期仍要控制升压速度？

答：（1）在启动后期，虽然汽包上下壁温差逐渐减少，但由于汽包壁较厚，因此内外壁温差仍很大，甚至有增加的可能。

（2）另外，启动后期汽包内承受接近工作压力下的应力。因此仍要控制后期的升压速度，以防止汽包壁的应力增加。

Jf2C3159　质量管理小组有哪些活动步骤？

答：质量管理小组的活动步骤包括：① 选择课题；② 现状调查；③ 设定目标值；④ 分析原因；⑤ 制订对策；⑥ 实施对策；⑦ 检查效果；⑧ 巩固措施；⑨ 下步计划。

Jf1C2160　汽轮机胀差在什么情况下出现负值？

答：由于汽缸与转子的钢材有所不同，因此一般转子的线膨胀系数大于汽缸的线膨胀系数，加上转子质量小，受热面大，机组在正常运行时，胀差均为正值。当负荷快速下降或甩负荷时，主蒸汽温度与再热蒸汽温度下降，或汽轮机发生水冲击，或机组启动与停机时加热装置使用不当，均有可能使胀差出现负值。

4.1.4 计算题

La5D2001 试计算下列数值：50℉＝_____℃；300b/in²＝_____MPa；50gal/h＝_____m³/h（美制换算）。

解：因为 $t_F=(9/5)t+32$

所以 50℉=(9/5)t+32 得 t=10（℃）

因为 1b/in²=0.006 868MPa

所以 300b/in²=300×0.006 868=2.060 4（MPa）

因为 1gal=0.003 785m³

所以 50gal/h=0.003 785×50=0.189 25（m³/h）

答：50℉=10℃；300b/in²=2.060 4MPa；50gal/h= 0.189 25m³/h。

La5D2002 一个 400Ω、1W 的电阻使用时，电流和电压不得超过多大？

解：$I=\sqrt{P/R}=\sqrt{1/400}$ =0.05（A）

$U=\sqrt{PR}=\sqrt{400}$ =20（V）

答：电流不超过 0.05A，电压不超过 20V。

La5D2003 一只 220V、100W 的白炽灯泡在正常使用时，灯丝电阻和电流各是多少？

解：$R=U^2/P=220^2/100=484$（Ω）

$I=U/R=220/484=0.455$（A）

答：灯丝电阻为 484Ω，电流是 0.455A。

La5D3004 试解释 1 物理大气压的定义，并计算 1 物理大气压等于多少帕斯卡（保留有效数字 4 位）。（已知 0℃时，汞的密度为ρ=13 595.1kg/m³，标准重力加速度 g=9.806 65m/s²。）

解：1 物理大气压定义为温度为 0℃和标准重力加速度下，760mmHg 作用在底面上的静压力。

设 1 物理大气压为 p，由上述定义得

$$p = \rho gh = 13\,595.1 \times 9.806\,65 \times 760 \times 10^{-3}$$
$$= 1.013 \times 10^5 \text{（Pa）}$$

答：1 物理大气压等于 $1.013 \times 10^5 \text{Pa}$。

La5D3005 已知在某一阻抗上的电压相量为 $(10+j15)$V，电流相量为 $(12-j18)$A，求该阻抗的大小。

解：Z=电压相量/电流相量

$$= (10+j15)/(12-j18)$$
$$= -0.321+j0.769 \text{（Ω）}$$

答：该阻抗为 $-0.321+j0.769$Ω。

La4D2006 如图 D-1 所示，电源的电动势 E=6V，内阻 r=1.8Ω，外电阻 $R_3=R_4=R_6=6$Ω，$R_5=12$Ω。当开关 S 与 1 接通时，电流表 PA 示值为零；当 S 与 2 接通时，电流表 PA 示值为 0.1A，求 R_1、R_2 的值。

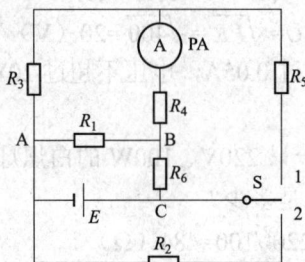

图 D-1

解：（1）S 合向 1

因为流过电流表的电流为 0

所以
$$\frac{R_3}{R_1} = \frac{R_5}{R_6}$$

$$R_1 = \frac{R_3 R_6}{R_5} = \frac{6 \times 6}{12} = 3 \text{（Ω）}$$

（2）S 合向 2

$$U_{AB}=(R_3+R_4)I_{34}=(6+6)\times0.1=1.2（V）$$

$$I_1=\frac{U_{AB}}{R_1}=\frac{1.2}{3}=0.4（A）$$

$$I_6=I_1+I_{34}=0.1+0.4=0.5（A）$$

$$U_{AC}=U_{AB}+I_6R_6=1.2+0.5\times6=4.2（V）$$

$$I=\frac{E-U_{AC}}{r}=\frac{6-4.2}{1.8}=1（A）$$

$$I_2=I-I_6=1-0.5=0.5（A）$$

$$R_2=\frac{U_{AC}}{I_2}=\frac{4.2}{0.5}=8.4（\Omega）$$

答：$R_1=3\Omega$，$R_2=8.4\Omega$。

La4D3007 某一电筒的等效电路如图 D-2 所示，已知 $E_1=E_2=1.7V$，$R_1=1\Omega$，$R_2=5\Omega$，$R_H=4\Omega$，求各电池输出的功率。

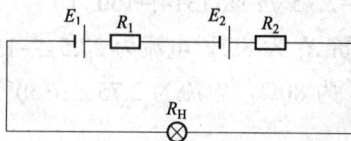

图 D-2

解：流过 R_H 的电流为

$I=(E_1+E_2)/(R_1+R_2+R_H)=(1.7+1.7)/(1+5+4)=0.34（A）$

电池 1 的功率为

$P_1=E_1I-R_1I^2=1.7\times0.34-1\times0.34^2=0.578-0.115\,6=0.462\,4（W）$

电池 2 的功率为

$$P_2=E_2I-R_2I^2=1.7\times0.34-5\times0.34^2$$
$$=0.578-0.578=0（W）$$

答：电池 1 的功率为 0.462 4W，电池 2 的功率为 0W。

La4D3008 已知电感 L=25.4mH，外加电压 u=311sin $(\omega t-60°)$V。

（1）求频率为 50Hz 时的感抗 X_L 和电流 I。

（2）若外加电压的有效值不变，频率升高 500Hz，求感抗 X'_L 和电流 I'。

解：（1） $X_L=\omega L=314×25.4×10^{-3}=8$（$\Omega$）

$$U=\frac{311}{\sqrt{2}}\angle-60°=220\angle-60°\text{（V）}$$

$$I=\frac{U}{j\omega L}=-j\frac{200\angle-60°}{8}=27.5\angle-150°\text{（A）}$$

$$i=27.5\sqrt{2}\sin(314t-150°)\text{（A）}$$

（2） $f_2=500\text{Hz}=10f_1$

$$X'_L=10X_L=80\text{（}\Omega\text{）}$$

$$I=2.75\angle-150°\text{（A）}$$

$$i=2.75\sqrt{2}\sin(314t-150°)\text{（A）}$$

答：（1）感抗 X_L 为 8Ω，电流为 $27.5\angle-150°$A。

（2）感抗 X'_L 为 80Ω，电流为 $2.75\angle-150°$A。

La4D3009 已知共射极电路如图 D-3 所示，其中 R_b=30kΩ，R_c=5kΩ，β=50，R_1=2kΩ，r_{be}=300Ω，试求该电路的交流放大倍数和输入电阻。

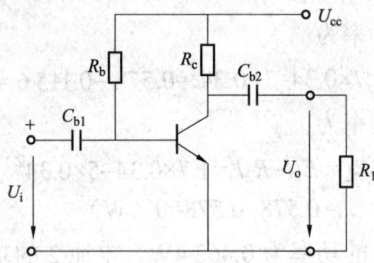

图 D-3

解：$A_v = -\dfrac{\beta \times R_c /\!/ R_1}{r_{be}} = -238$

$$R_i = R_b /\!/ r_{be} = 297（\Omega）$$

答：电路的交流放大倍数为-238，输入电阻为297Ω。

La4D3010 如图 D-4 所示单电源供电的基本放大电路，各元件参数如图所示，试估算该放大器的静态工作点。

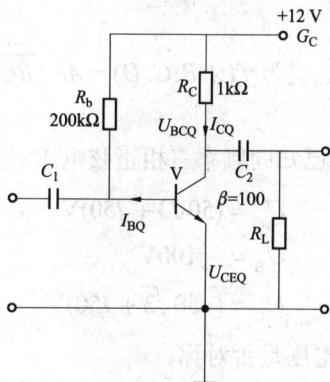

图 D-4

解：$I_{BQ} = \dfrac{G_C - U_{BCQ}}{R_b} = \dfrac{12 - 0.7}{200 \times 10^3} \approx \dfrac{12}{200 \times 10^3} = 60（\mu A）$

$$I_{CQ} = \beta I_{BQ} = 100 \times 60 = 6（mA）$$

$$U_{CEQ} = G_C - I_{CQ}R_C = 12 - 6 \times 10^{-3} \times 1000 = 6（V）$$

答：I_{BQ} 为 $60\mu A$，I_{CQ} 为 $6mA$，U_{CEQ} 为 $6V$。

La4D4011 已知 4 变量逻辑函数为 $f(A, B, C, D) = (\overline{A} + BC)(B + CD)$，试求该函数的与非表达式并画出相应的逻辑图。

解：该函数的与非表达式为

$$f(A, B, C, D) = \overline{\overline{\overline{AB} \cdot \overline{BC} \cdot \overline{ACD}}}$$

逻辑图如图 D-5 所示。

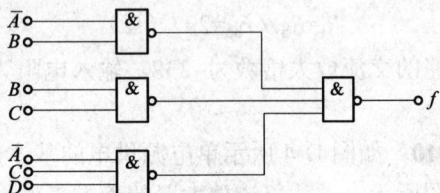

图 D-5

答：与非表达式为 $f(A,B,C,D) = \overline{\overline{AB} \cdot \overline{BC} \cdot \overline{\overline{A}CD}}$ 。

La4D4012 已知同频率三相正弦电压

$$\dot{U}_A = (50\sqrt{3} + j50)V$$
$$\dot{U}_B = -j100V$$
$$\dot{U}_C = (-50\sqrt{3} + j50)V$$

试问该三相电压是否对称。

解： $\dot{U}_A = (50\sqrt{3} + j50)V = 100\angle 30°$

$$\dot{U}_B = -j100V = 100\angle -90°$$

$$\dot{U}_C = (-50\sqrt{3} + j50)V = -100\angle 30°$$

$$\phi_{AB} = 30° - (-90)° = 120°$$

$$\phi_{BC} = -90° - (-30)° = -60°$$

$$\phi_{CA} = -30° - 30° = -60°$$

故三相电压不对称。

答：三相电压不对称。

La4D5013 已知三相交流电的相量为：$\dot{U}_A = (1+j2)V$，$\dot{U}_B = (2-j3)V$，$\dot{U}_C = (-1+j3)V$，求该电源的零序、正序、负序对称分量 $\dot{U}_0$、$\dot{U}_1$、$\dot{U}_2$。

解：$\dot{U}_0 = \dfrac{1}{3}(\dot{U}_A + \dot{U}_B + \dot{U}_C) = \dfrac{1}{3} \times (1 + j2 + 2 - j3 - 1 + j3)$

$$= \dfrac{2}{3}(1 + j) \text{ (V)}$$

$\dot{U}_1 = \dfrac{1}{3}(\dot{U}_A + \alpha\dot{U}_B + \alpha^2\dot{U}_C)$

$$= \dfrac{1}{3} \times [1 + j2 + \alpha \times (2 - j3) + \alpha^2 \times (-1 + j3)] = (1.9 + j1.533)(V)$$

$\dot{U}_2 = \dfrac{1}{3}(\dot{U}_A + \alpha^2\dot{U}_B + \alpha\dot{U}_C)$

$$= \dfrac{1}{3} \times [1 + j2 + \alpha^2 \times (2 - j3) + \alpha \times (-1 + j3)] = (1.57 + j0.199)(V)$$

答：$\dot{U}_0 = \dfrac{2}{3}(1 + j)V$，$\dot{U}_1 = (1.9 + j1.533)V$，$\dot{U}_2 = (1.57 - j0.199)V$。

La3D1014 试画出 D 边沿触发器的真值表及其特征方程。

解：D 边沿触发器真值表

D	Q^n	Q^{n+1}
0	0	0
0	1	0
1	0	1
1	1	1

特征方程为

$$Q^{n+1} = D$$

答：真值表及特征方程如上所示。

La3D2015 已知图 D-6 所示的 *RL* 串联电路中，U_R=110V，U=220V，试求 L 上的电压 U_L。

解：$U = \sqrt{U_R^2 + U_L^2}$

$$U_L = \sqrt{U^2 - U_R^2} = \sqrt{220^2 - 110^2} = 190.5 \text{（V）}$$

答：U_L=190.5V。

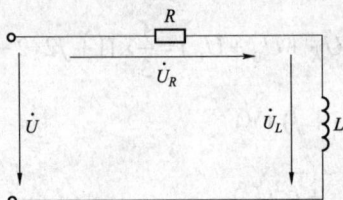

图 D-6

La3D2016 如图 D-7 所示，在 RC 并联电路中，已知 $R=10\text{k}\Omega$，$C=10\text{pF}$，端电压为 5V，试分别计算当电源频率为 50Hz、5MHz 时，电路中流过的总电流。

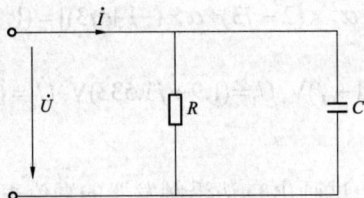

图 D-7

解：f_1=50Hz

$f_1 = 50\text{Hz}$ $w_1 = 2\pi f_1$

$$\dot{I}_1 = \frac{\dot{U}}{R} + jw_1CU$$

$$I_1 = \sqrt{\left(\frac{U}{R}\right)^2 + (w_1CU)^2} = 5\times10^{-4}(\text{A}) = 0.5\text{mA}$$

$f_2 = 5\times10^6\text{Hz}$ $w_2 = 2\pi f_2$

$$I_2 = \sqrt{\left(\frac{U}{R}\right)^2 + (w_2CU)^2} = 1.648\times10^{-3}(\text{A}) = 1.648\text{mA}$$

答：电源频率为 50Hz 时，总电流为 0.5mA；电源频率为 5MHz 时，总电流为 1.648mA。

La3D2017 如图 D-8 所示电路中，已知 I_1=11mA，I_4=12mA，I_5=6mA，求 I_2、I_3 和 I_6。

解：由 KCL 可得

$$I_2 = I_3 - I_4 = 5 - 12 = -7 \text{（mA）}$$

$$I_3 = I_1 - I_5 = 11 - 6 = 5 \text{（mA）}$$

$$I_6 = I_1 - I_2 = 11 - (-7) = 18 \text{（mA）}$$

答：I_2 为 -7mA，I_3 为 5mA，I_6 为 18mA。

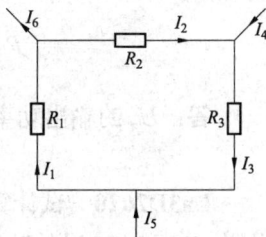

图 D-8

La3D2018 如图 D-9 所示电路中，已知：$I_S=2$A，$U_S=12$V，$R_1=R_2=4\Omega$，$R_3=16\Omega$。求：

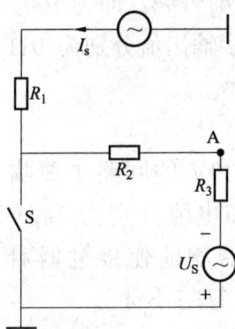

（1）S 断开后 A 点电位 V_A。

（2）S 闭合后 A 点电位 V_A。

解：根据图示可得 S 断开后 A 点电位 V_A 为

$$V_A = R_3 I_S - U_S = 20 \text{（V）}$$

S 闭合后 A 点电位 V_A 为

$$V_A = \frac{-U_S R_2}{R_2 + R_3} = -2.4 \text{（V）}$$

图 D-9

答：S 断开后 A 点电位 V_A 为 20V，S 闭合后 A 点电位 V_A 为 -2.4V。

La3D2019 在如图 D-10 所示电路中，已知：$U_S=24$V，$R_1=20\Omega$，$R_2=30\Omega$，$R_3=15\Omega$，$R_4=100\Omega$，$R_5=25\Omega$，$R_6=8\Omega$，求 U_S 的输出功率 P。

解：设图 D-10 中 AB 支路除外的无源二端网络的等效电阻为 R_{AB}。

$$R_{AB} = [(R_2 /\!/ R_3) + R_1] /\!/ R_4 /\!/ R_5$$
$$= 12\Omega$$

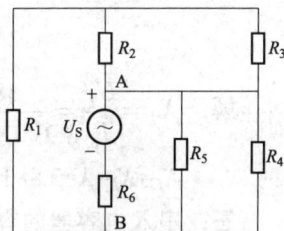

图 D-10

$$P = \frac{U_S^2}{R_{AB} + R_6} = 28.8\text{W}$$

答：U_S 的输出功率 P 为 28.8W。

La3D2020　试计算三位集成 A/D 转换器在模拟输入量分别为 5V 和 7V 时的数字输出值。已知该 A/D 转换器的满度电压为 14V。

解：因为当 14V 时对应的数字量为 111，即 7。

所以输入 5V 时，数字输出值=[(5+1)/14]×7=3，即为 011；同理输入 7V 时，数字输出值=[(7+1)/14]×7=4，即为 100。

答：模拟输入量为 5V 和 7V 时，数字输出值分别为 011 和 100。

La3D3021　如图 D-11 所示，一个 220V 的回路中要临时装一个接触器，该接触器的额定电压和电流分别为 380V 和 100mA，若在回路中串入一个电容器就能使接触器启动。请计算该电容器的 X_C（线圈电阻可忽略不计）。

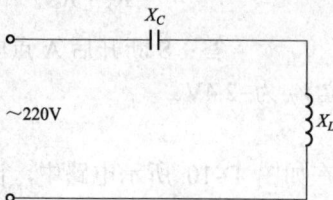

图 D-11

解：$X_L = \dfrac{U_L}{I_L} = \dfrac{380}{100 \times 10^{-3}} = 3.8 \times 10^3$（Ω）

$X_C = X_L - X = 3.8 \times 10^3 - 2.2 \times 10^3 = 1.6 \times 10^3$（Ω）=1.6kΩ

答：串入电容器的容抗为 1.6kΩ。

La3D3022　有一台三相异步电动机，三角形连接，额定功率为 10kV，额定电压为 380V，$\cos\phi$=0.87，η=0.9，求该电动机的额定电流（线电流）及每相绕组的等效阻抗值。

解：线电流 $I_L = \dfrac{P}{\sqrt{3}U\cos\phi\eta}$

$$= \frac{10\times10^3}{\sqrt{3}\times380\times0.87\times0.9} = 19.4(A)$$

相电流 $I_P = \dfrac{I_L}{\sqrt{3}} = \dfrac{19.4}{\sqrt{3}} = 11.2$ （A）

相阻抗 $Z = \dfrac{U}{I_P} \angle\cos^{-1}(\cos\phi) = \dfrac{380}{11.2} \angle\cos^{-1}0.87$

$$= 33.9\angle29.5° \text{（Ω）}$$

答：线电流 I_L=19.4A，相电流 I_P=11.2A，每相绕组的等效阻抗值 Z=33.9∠29.5°Ω。

La3D34023 求 $f(t)$=sin($5t$+π/3)的拉氏变换。

解：因为 $f(t) = \dfrac{1}{2}\sin5t + \dfrac{\sqrt{3}}{2}\cos5t$，由线性性质，则

$$F(s) = L[f(t)] = \frac{2.5}{s^2+25} + \frac{s}{s^2+25}\frac{\sqrt{3}}{2} = \frac{5+\sqrt{3}s}{2(s^2+25)}$$

答：拉氏变换 $F(s) = \dfrac{5+\sqrt{3}s}{(s^2+25)}$。

La3D4024 已知示相器电路如图 D-12 所示，$R_H = X_C$，试求中点电压。

解：

$$\dot{U}_N = \frac{\dfrac{\dot{U}_A}{-jX_C} + \dfrac{\dot{U}_B}{-R_H} + \dfrac{\dot{U}_C}{-R_H}}{\dfrac{1}{-jX_C} + \dfrac{1}{R_H} + \dfrac{1}{R_H}} = \frac{\dfrac{\dot{U}_A}{R_H} + \dfrac{\dot{U}_B}{R_H} + \dfrac{\dot{U}_C}{R_H}}{\dfrac{1}{-jR_H} + \dfrac{1}{R_H} + \dfrac{1}{R_H}}$$

$$= (-0.2 + j0.6)\dot{U}_A$$

答：中点电压 $\dot{U}_N = (-0.2 + j0.6)\dot{U}_A$。

La3D4025 如图 D-13 所示，RLC 并联电路中，已知 $R=10^{-2}\Omega$，$L=8\times10^{-6}$H，$C=2\times10^{-5}$F，求该电路的谐振频率。

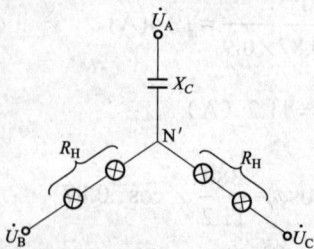

图 D-12

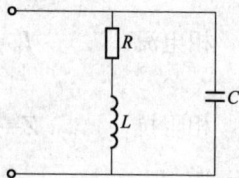

图 D-13

解：
$$Y = \frac{1}{R + jwL} + jwC = \frac{R - jwL}{R^2 + (wL)^2} + jwC$$

$$= \frac{R}{R^2 + (wL)^2} + j\left(wC - \frac{wL}{R^2 + (wL)^2}\right)$$

令
$$w_0 C - \frac{w_0 L}{R^2 + (wL)^2} = 0$$

$$w_0 = \sqrt{\frac{1}{LC} - \frac{R^2}{L^2}} \qquad f_0 = \frac{1}{2\pi}\sqrt{\frac{1}{LC} - \frac{R^2}{L^2}}$$

$$f_0 = \frac{1}{2\times3.14}\sqrt{\frac{1}{8\times10^{-6}\times2\times10^{-5}} - \left(\frac{10^{-2}}{8\times10^{-6}}\right)^2} = 12\,587(\text{Hz})$$

答：该电路的谐振频率为 12 587Hz。

La3D4026 求函数 $F(s)=B(s)/A(s)=20(s+1)(s+3)/(s+1+j)(s+1-j)(s+2)(s+4)$ 的拉氏反变换。

解：
$$F(s) = \frac{K_1}{s+1+j} + \frac{K_2}{s+1-j} + \frac{K_3}{s+2} + \frac{K_4}{s+4}$$

$$K_1 = \left[\frac{B(s)}{A(s)} (s+1+j) \right]\Big|_{s=-1-j}$$

$$= \frac{20(-j)(2-j)}{(-2j)(1-j)(3-j)} = 4+3j$$

$$K_2 = \left[\frac{B(s)}{A(s)} (s+1-j) \right]\Big|_{s=-1-j}$$

$$= \frac{20(2+j)}{2j(1+j)(3+j)} = 4-3j$$

$$K_3 = \left[\frac{B(s)}{A(s)} (s+2) \right]\Big|_{s=-2}$$

$$= \frac{20 \times (-1) \times 1}{(-1+j)(-1-j) \times 2} = -5$$

$$K_4 = \left[\frac{B(s)}{A(s)} (s+4) \right]\Big|_{s=-4}$$

$$= \frac{20 \times (-3) \times (-1)}{(-3+j)(-3-j) \times (-2)} = -3$$

$$F(s) = \frac{4+3j}{s+1+j} + \frac{4-3j}{s+1-j} - \frac{5}{s-2} - \frac{3}{s+4}$$

所以 $f(t) = L^{-1}[F(s)]$

$$= (4+3j)\,e^{-(-1-j)t} + (4-3j)\,e^{(-1+j)t} - 5e^{-2t} - 3e^{-4t}$$

$$= e^{-t}[4(e^{-jt}+e^{jt})] + 3j(e^{-jt}-e^{jt}) - 5e^{-2t} - 3e^{-4t}$$

$$= e^{-t}(8\cos t + 6\sin t) - 5e^{-2t} - 3e^{-4t}$$

答：$F(s)$ 的拉氏反变换 $f(t)=e^{-t}(8\cos t+6\sin t)-5e^{-2t}-3e^{-4t}$。

La3D5027 如图 D-14 所示为发电机的励磁电路，正常运行时，S 断开，当发电机外线路短路时，其端电压下降。为防止系统不稳定，须快速提高发电机端

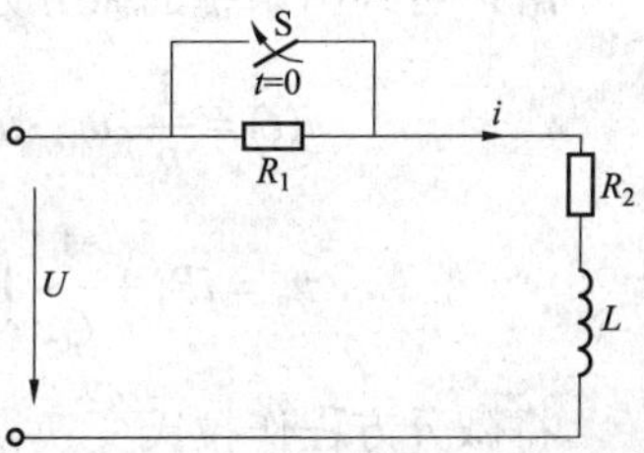

图 D-14

电压，故强励动作合上 S，将 R_1 短接。已知：U=220V，R_1=40Ω，L=1H，R_2=20Ω，求 S 闭合后的变化规律。

解：S 闭合前

$$i_L = i(0-) = \frac{U}{R_1 + R_2} = \frac{220}{40 + 20} = 3.67(A)$$

S 闭合 $\qquad i(0+)=i(0-)=3.67(A)$

$$i(\infty) = \frac{U}{R_2} = \frac{220}{20} = 11(A)$$

$$= \frac{L}{R_2} = \frac{1}{20}S$$

$$i(+)=11+(3.67-11)e^{-20t}=11-7.33e^{-20t}(A)\ (t \geqslant 0)$$

答：当 S 闭合后，回路电流 i 将快速按指数规律从 3.67A 上升至 11A。

La3D5028 列写出如图 D-15 所示电网络的微分方程，并写出传递函数。

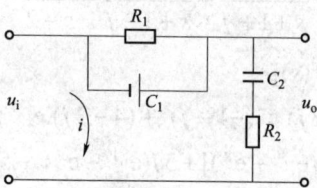

图 D-15

解：可列出系统的微分方程如下

$$i(t) = \frac{1}{R_1}(u_i - u_o) + C_1 \frac{\mathrm{d}}{\mathrm{d}t}(u_i - u_o) \Bigg\}$$

$$u_0 = iR_2 + \frac{1}{C_2} \int i \mathrm{d}t$$

将微分方程作拉氏变换得

$$I(s) = \frac{1}{R_1}[U_i(s) - U_o(s)] + C_1 s[U_i(s) - U_o(s)]$$

$$U_o(s) = R_2 I(s) + \frac{1}{C_2} I(s)$$

消去 $I(s)$ 可得

$$G(s) = \frac{U_o(s)}{U_i(s)} - \frac{(\tau_1 s + 1)(\tau_2 s + 1)}{\tau_1 \tau_2 s^2 + (\tau_1 + \tau_2 + \tau_{12})s + 1}$$

式中 $\tau_1 = R_1 C_1$，$\tau_2 = R_2 C_2$，$\tau_{12} = R_1 C_2$

也可以利用复阻抗求本系统的传递函数。纯电阻的复阻抗 $Z = R$，纯电容的复阻抗 $Z = \frac{1}{Cs}$，纯电感的复阻抗 $Z = Ls$。则有

$$U_i(s) = I(s)\left(\frac{1}{(1/R_1) + C_1 s} + R_2 + \frac{1}{C_2 s}\right)$$

$$U_o(s) = I(s) + \left(R_2 + \frac{1}{C_2 s}\right)$$

所以

$$G(s) = \frac{U_o(s)}{U_i(s)} = \frac{(\tau_1 s + 1)(\tau_2 s + 1)}{\tau_1 \tau_2 s^2 + (\tau_1 + \tau_2 + \tau_{12})s + 1}$$

答：电网络的微分方程及传递函数如上所示。

La2D1029 试计算 8 位单极性 D/A 转换器在数字输入量分别为 7FH、81H 时的模拟输出电压值。已知该 D/A 转换器的满度电压为 10V。

解：已知 $U_{CC} = 10V$，则

输入量为 7FH 时有

$$U_0 = U_{CC} \times [(7 \times 16 + 15)/2^8] = 10 \times 0.496 = 4.96 \text{（V）}$$

输入量为 81H 时有

$$U_0 = U_{CC} \times [(8 \times 16 + 1)/2^8] = 10 \times 0.504 = 5.04 \text{（V）}$$

答：输入量分别为 7FH 和 81H 时，模拟输出电压值分别

为 4.96V 和 5.04V。

La2D2030 如图 D-16 所示为加减器,试求其输出电压 U_o。

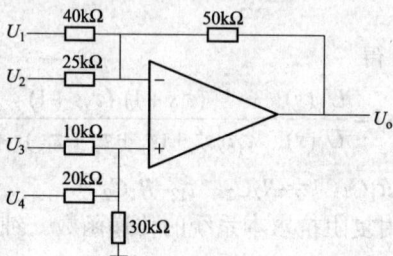

图 D-16

解:

$$U = U_3 \frac{\dfrac{20 \times 30}{20+30}}{\dfrac{20 \times 30}{20+30}+10} + U_4 \frac{\dfrac{10 \times 30}{10+30}}{\dfrac{10 \times 30}{10+30}+20}$$

$$\frac{U_1 - U_2}{40} + \frac{U_2 - U_2}{25} = \frac{U_2 - U_o}{50}$$

联解方程得

$$U_o = \frac{51U_3}{22} + \frac{51U_4}{44} - 1.25U_1 - 2U_2$$

答:其输出电压为 $\dfrac{51U_3}{22} + \dfrac{51U_4}{44} - 1.25U_1 - 2U_2$。

La2D3031 试计算如图 D-17 所示放大电路的差模放大倍数和差模输入电阻及输出电阻。

解:双端输出时 $A_{VD} = \dfrac{U_o}{U_S} = -\dfrac{\beta R_C}{R_S + r_{be}}$

输入电阻 $R_{iol} = 2(R_S + r_{be})$

单端输出时 $A_{VD1} = \dfrac{U_{ol}}{U_S} = -\dfrac{\beta R_C}{(R_S + r_{be})}$

输出电阻：双端 $R_o=2R_C$
单端 $R_o=R_C$

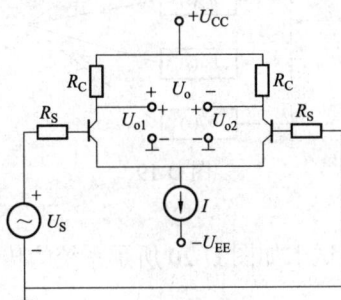

图 D-17

答：输入电阻 $R_{iol}=2(R_S+r_{be})$；输出电阻双端 $R_o=2R_C$，单端 $R_o=R_C$。

Lb5D1032 试求如图 D-18 所示系统的传递函数。

图 D-18

解：根据几个环节串联以后，总的传递函数等于各个环节传递函数之乘积定律。上述环节的系统传递函数为

$$W(s)= W_1(s) \cdot W_2(s) \cdot W_3(s) \cdot W_4(s)$$

答：所示系统的传递函数 $W(s)=W_1(s) \cdot W_2(s) \cdot W_3(s) \cdot W_4(s)$。

Lb5D1033 试求如图 D-19 所示系统的传递函数。

解：根据几个环节并联以后，总的传递函数等于各个环节传递函数之和定律，上述环节的体系统传递函数为

$$W(s)=W_1(s)+W_2(s)+W_3(s)+W_4(s)$$

答：系统的传递函数 $W(s)=W_1(s)+W_2(s)+W_3(s)+W_4(s)$。

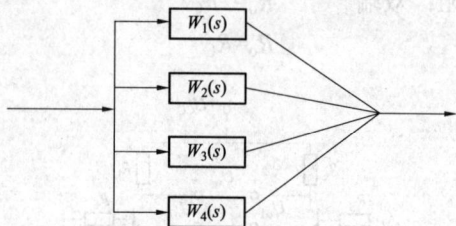

图 D-19

Lb4D2034 试求如图 D-20 所示系统的传递函数。

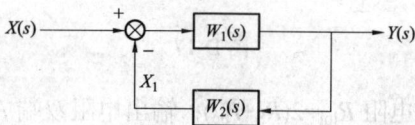

图 D-20

解： 上述环节的负反馈连接，其正向环节的传递函数为

$$Y(s)=W_1(s)[X(s)-X_1(s)]$$

其反向环节的传递函数为

$$X_1(s)=W_2(s)Y(s)$$

解上述方程得总体传递函数为

$$W(s)=Y(s)/X(s)=W_1(s)/[1+W_1(s)W_2(s)]$$

答： 系统的传递函数为 $W(s)=W_1(s)/[1+W_1(s)W_2(s)]$。

Lb3D1035 求 $e^{-at}\sin\omega t$ 的拉氏变换。

解： 可直接运用复数域的位移定理及正弦函数的拉氏变换求得

$$L[e^{-at}\sin\omega t]=\frac{\omega}{(S+a)^2+\omega^2}$$

答： 拉氏变换为 $L[e^{-at}\sin\omega t]=\dfrac{\omega}{(S+a)^2+\omega^2}$。

Lb3D2036　求如图 D-21 所示方波的拉氏变换〔提示：波形函数表达式为 $f(t)=(1/T)-(1/T)\times l(t-T)$〕。

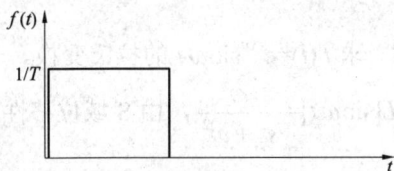

图 D-21

解：方波可表达为

$$f(t) = (1/T) - (1/T)\times l(t-T)$$

所以　　$L[f(t)] = (1/Ts) - (1/Ts)e^{-s}T = (1/Ts)(1-e^{-s}T)$

答：该方法拉氏变换为 $L[f(t)] = (1/TS)(1-e^{-s}T)$。

Lb3D2037　求如图 D-22 所示三角波的拉氏变换〔提示：三角波的波形表达式为 $f(t) = (4/T^2)t - (4/T^2) \cdot (t-T/2) - (4/T^2) \cdot (t-T/2) + (4/T^2)(t-T)$〕。

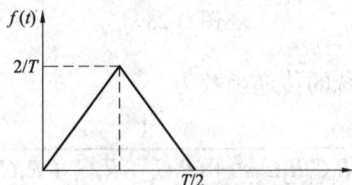

图 D-22

解：三角波可表达为如下形式

$$f(t) = \frac{4}{T^2}t - \frac{4}{T^2}\left(t - \frac{T}{2}\right) - \frac{4}{T^2}\left(t - \frac{T}{2}\right) + \frac{4}{T^2}(t-T)$$

对上式进行拉氏变换，则有

$$F(s) = \frac{4}{T^2 s^2} - \frac{4}{T^2 s^2}e^{-s\frac{T}{2}} - \frac{4}{T^2 s^2}e^{-s\frac{T}{2}} + \frac{4}{T^2 s^2}e^{-sT}$$

$$= \frac{4}{T^2 s^2}(1 - 2e^{-s\frac{T}{2}} + e^{-sT})$$

答：该三角波的拉氏变换为 $F(s) = \dfrac{4}{T^2 s^2}(1 - e^{-s\frac{T}{2}} + e^{-sT})$。

Lb3D3038 求 $f(t) = e^{-at}\sin\omega t$ 的拉氏变换。

解：因为 $L[\sin\omega t] = \dfrac{\omega}{s^2 + \omega^2}$，由 S 域位移性质得到

$$L[e^{-at}\sin\omega t] = \dfrac{\omega}{(s+a)^2 + \omega^2}$$

答：该函数的拉氏变换为 $L[e^{-at}\sin\omega t] = \dfrac{\omega}{(s+a^2) + \omega^2}$。

Lb3D3039 求如图 D-23 所示系统的传递函数。

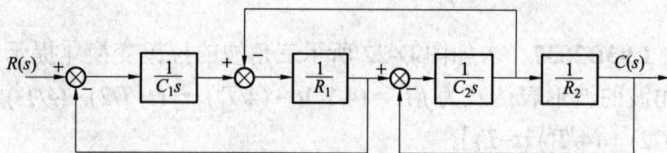

图 D-23

解：上述系统的传递函数为

$$\dfrac{C(s)}{R(s)} = \dfrac{1}{R_1 C_1 R_2 C_2 s^2 + (R_1 C_1 + R_2 C_1 + R_2 C_2)s + 1}$$

答：传递函数为

$$\dfrac{1}{R_1 C_1 R_2 C_2 s^2 + (R_1 C_1 + R_2 C_1 + R_2 C_2)s + 1}。$$

Lb3D4040 求如图 D-24 所示波形的函数拉氏变换[提示：波形函数表达为 $f(t) = l(t-1) + (1/2)(t-1) - 2l(t-3) - (1/2)(t-3)$]。

解：该波形表达为如下形式

$$f(t) = l(t-1) + (1/2)(t-1) - 2l(t-3) - (1/2)(t-3)$$

对上式进行拉氏变换，则有

$$F(s) = (e^{-s}/s) + (e^{-s}/2s^2) - (2e^{-3s}/s) - (e^{-3s}/2s^2)$$

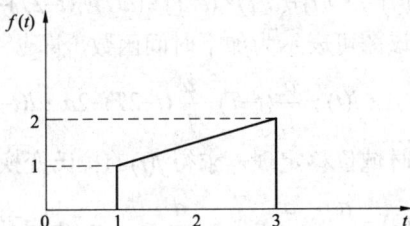

图 D-24

整理后得

$$F(s) = \frac{e^{-s}}{s^2}\left(s + \frac{1}{2}\right) - \frac{e^{-3s}}{s^2}\left(2s + \frac{1}{2}\right)$$

答：该波形的拉氏变换为 $F(s) = \dfrac{e^{-s}}{s^2}\left(s + \dfrac{1}{2}\right) - \dfrac{e^{-3s}}{s^2}\left(2s + \dfrac{1}{2}\right)$。

Lb3D4041 求如图 D-25 所示系统的传递函数。

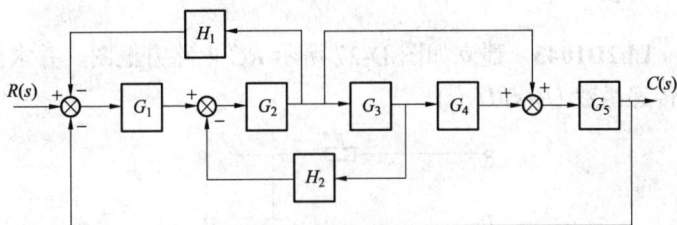

图 D-25

解：上述系统的传递函数为

$$\frac{C(s)}{R(s)} = \frac{G_1 G_2 G_5 (1 + G_3 G_4)}{1 + G_1 G_2 H_1 + G_2 G_3 H_2 + G_1 G_2 G_5 (1 + G_3 G_4)}$$

答：传递函数为

$$\frac{G_1 G_2 G_5 (1 + G_3 G_4)}{1 + G_1 G_2 H_1 + G_2 H_2 G_3 + G_1 G_2 G_5 (1 + G_3 G_4)}$$。

Lb3D5042　求如图 D-26 所示波形的拉氏变换［提示：波形函数表达式为 $f(t)=a\cdot l(t)+(a/T)\cdot (t-T)-(a/T)\cdot (t-2T)-2a\cdot l(t-3T)$］。

解：因为该图可表示为如下时间函数，即

$$f(t) = a\cdot l(t) + \frac{a}{T}(t-T) - \frac{a}{T}(t-2T) - 2a\cdot l(t-3T)$$

所以利用时域位移定理，求得 $f(t)$ 的拉氏变换为

$$F(s) = \frac{a}{s} + \frac{a}{Ts^2}e^{-Ts} - \frac{a}{Ts^2}e^{-2Ts} - 2a\frac{1}{s}e^{-3Ts}$$

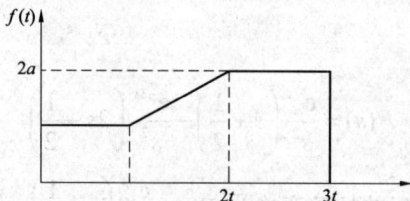

图 D-26

答：拉氏变换为 $\dfrac{a}{s} + \dfrac{a}{Ts^2}e^{-Ts} - \dfrac{a}{Ts^2}e^{-2Ts} - 2a\dfrac{1}{s}e^{-3Ts}$。

Lb2D1043　建立如图 D-27 所示 RC 电路方框图，并求出其传递函数 $U_Y(s)/U_X(s)$。

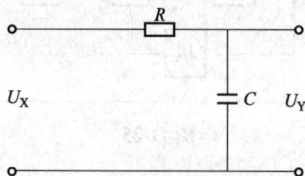

图 D-27

解：RC 电路方框图，如图 D-28 所示。

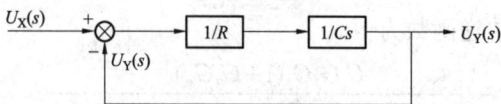

图 D-28

传递函数为

$$W(s) = U_Y(s)/U_X(s)=1/(RCs+1)=1/(Ts+1)$$

其中 $T=RC$

答：该电路图的传递函数为 $U_Y(s)/U_X(s)=1/(Ts+1)$。

Lb2D3044 单位反馈控制系统的开环传递函数为

$$G(s) = \frac{4}{s(s+5)}$$

确定位置误差系数、速度误差系数和当输入为 $r(t) = 2t$ 时系统的稳态误差。

解：系统的位置误差系数为

$$K_P = \lim_{s \to 0} G(s) = \lim_{s \to 0} \frac{4}{s(s+5)} = \infty$$

系统的速度误差系数为

$$K_v = \lim_{s \to 0} s\, G(s) = \lim_{s \to 0} s \frac{4}{s(s+5)} = 0.8$$

当输入 $r(t) = 2t$ 时，系统的稳态误差为

$$e_{ss} = \frac{2}{K_v} = \frac{2}{0.8} = 2.5$$

答：位置误差系数 $K_P=\infty$，速度误差系数 $K_v=0.8$，稳态误差 $e_{ss}=2.5$。

Lb2D3045 调节对象的传递函数为 $W_0(s)=\dfrac{k}{(1+Ts)^n}$，试计算比例调节时的调节器临界参数值。

解：对象的频率特性为

$$W_0(j\omega) = \frac{k}{(1+jT\omega)^n} = \frac{k}{[1+(T\omega)^2]^{\frac{n}{2}}} e^{-jn\mathrm{tg}^{-1}T\omega}$$

所以 $n\, \mathrm{tg}^{-1}T\omega_{KP} = \pi$

$$\frac{s_{1KP}k}{[1+(T\omega_{KP})^2]^{\frac{n}{2}}}=1$$

从而求得

$$\omega_{KP}=\frac{1}{T}\mathrm{tg}\frac{\pi}{n}=f_1(n,T)$$

$$ks_{1KP}=\frac{1}{\left(\cos\dfrac{\pi}{n}\right)^n}=f_2(n)$$

答：$\omega_{KP}=f_1(n,T)$，$ks_{1KP}=f_2(n)$。

Lb2D3046　求 $F(s) = (14s^2+55s+51)$ $/(2s^3+12s^2+22s+12)$的拉氏反变换。

解：$A(s) = 2s^3+12s^2 + 22s+12=2(s+1)(s+2)(s+3)$

得　　　　　　　　　$p_1=-1$，$p_2=-2$，$p_3=-3$

$$A'(s)=\mathrm{d}A(s)/\mathrm{d}s=6s^2+24s+22$$

$$A'(-1)=4,\ A'(-2)=-2,\ A'(-3)=4$$

$$B(s)=14s^2+55s+51$$

$$B(-1)=10,\ B(-2)=-3,\ B(-3)=12$$

所以　　　　　$K_1=B(p_1)/A'(p_1)=10/4=2.5$

$$K_2=B(p_2)/A'(p_2)=-3/-2=1.5$$

$$K_3=B(p_3)/A'(p_3)=12/4=3$$

得 $f(t)=L^{-1}[F(s)]=L^{-1}[2.5/(s+1)]+L^{-1}[1.5/(s+2)]+L^{-1}[3/(s+3)]$

$$=2.5\mathrm{e}^{-t}+1.5\mathrm{e}^{-2t}+3\mathrm{e}^{-3t}$$

答：$F(s)$的拉氏反变换 $f(t)=2.5\mathrm{e}^{-t}+1.5\mathrm{e}^{-2t}+3\mathrm{e}^{-3t}$。

Lb2D4047　已知调节系统的特征方程为

$$2s^5+21s^4+124s^3+353s^2+548s+200=0$$

试以米海依洛夫判据判别其稳定性。

解：由特征方程可得频率特性的分母式为

$$F(j\omega) = 2(j\omega)^5 + 21(j\omega)^4 + 124(j\omega)^3 + 353(j\omega)^2 + 548(j\omega) + 200$$
$$= (21\omega^4 - 353\omega^2 + 200) + j(2\omega^5 - 124\omega^3 + 548\omega)$$

虚部方程为

$$2\omega^5 - 124\omega^3 + 548\omega = 0$$

解方程得

$$\omega_1 = 0; \quad \omega_3 = 2.19; \quad \omega_5 = 7.56$$

实部方程为

$$21\omega^4 - 353\omega^2 + 200 = 0$$

解方程得

$$\omega_2 = 0.74; \quad \omega_4 = 4.03$$

根的总数为 5 个，且 $\omega_1 < \omega_2 < \omega_3 < \omega_4 < \omega_5$。故该调节系统是稳定的。

答：该调节系统是稳定的。

Lb2D4048 如图 D-29 所示的系统，$T=0.1\text{s}$，试求开环放大系数 $K=10\text{s}^{-1}$ 和 $K=20\text{s}^{-1}$ 时，阻尼比 ζ 及无阻尼固有频率 ω_n。

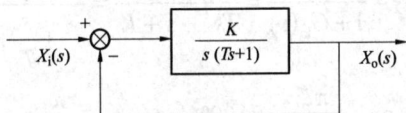

$$X_i(s) \xrightarrow{+} \bigotimes \xrightarrow{-} \boxed{\dfrac{K}{s(Ts+1)}} \longrightarrow X_o(s)$$

图 D-29

解：系统的闭环传递函数为

$$G_b(s) = \frac{G_k(s)}{1 + G_k(s)} = \frac{K}{Ts^2 + s + K} = \frac{\dfrac{K}{T}}{s^2 + \dfrac{s}{T} + \dfrac{K}{T}}$$

可见 $\omega_n = \sqrt{\dfrac{K}{T}}$；由 $2\zeta\omega_n = \dfrac{1}{T}$ 可计算得

$$x = \frac{1}{2\sqrt{TK}}$$

当 $K=10\mathrm{s}^{-1}$ 时，$\omega_\mathrm{n}=10(\mathrm{rad/s})$，$\zeta=0.5$；

当 $K=20\mathrm{s}^{-1}$ 时，$\omega_\mathrm{n}=14.14(\mathrm{rad/s})$，$\zeta=0.354$。

可见，开环增益 K 增大，ω_n 增大，而 ζ 减小。

答：$K=10\mathrm{s}^{-1}$ 时，$\omega_\mathrm{n}=10(\mathrm{rad/s})$，$\zeta=0.5$；$K=20\mathrm{s}^{-1}$ 时，$\omega_\mathrm{n}=14.14(\mathrm{rad/s})$，$\zeta=0.354$。

Lb2D4049 如图 D-30 所示的系统，$T=0.1\mathrm{s}$，试求开环放大系数 $K=10\mathrm{s}^{-1}$、$\zeta=0.5$、$\omega_\mathrm{n}=10\mathrm{rad/s}$ 时，单位阶跃响应函数的超调量和峰值时间。

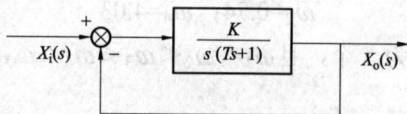

图 D-30

解：系统的闭环传递函数为

$$G_\mathrm{b}(s)=\frac{G_\mathrm{k}(s)}{1+G_\mathrm{k}(s)}=\frac{K}{Ts^2+s+K}=\frac{\dfrac{K}{T}}{s^2+\dfrac{s}{T}+\dfrac{K}{T}}$$

因为 $M_\mathrm{p}=\mathrm{e}-\dfrac{\pi\zeta}{\sqrt{1-\zeta^2}}\times100\%$，$t_\mathrm{p}=\dfrac{\pi}{\omega_\mathrm{n}\sqrt{1-\zeta^2}}$

当 $K=10\mathrm{s}^{-1}$ 时，$M_\mathrm{p}=16.3\%$，$t_\mathrm{p}=0.362\mathrm{s}$。

答：$M_\mathrm{p}=16.3\%$，$t_\mathrm{p}=0.362\mathrm{s}$。

Lb2D4050 已知系统闭环传递函数为

$$G(s)=\frac{\omega_\mathrm{n}^2}{s^2+2\zeta\omega_\mathrm{n}s+\omega_\mathrm{n}^2}$$

试求① $\zeta=0.1$，$\omega_\mathrm{n}=5$；② $\zeta=0.1$，$\omega_\mathrm{n}=1$；③ $\zeta=0.1$，$\omega_\mathrm{n}=10$。这三种情况下系统的单位阶跃响应及超调量 M_p 与调整时间 t_s。

解：① 当 $\zeta=0.1$，$\omega_\mathrm{n}=5$ 时，有

$$x(t) = 1 - \frac{e^{-0.1 \times 5t}}{\sqrt{1 - 0.1^2}} \sin\left(5\sqrt{1 - 0.1^2}\, t + \operatorname{arctg}\sqrt{\frac{1 - 0.1^2}{0.1}}\right)$$

$$= 1 - 1.005 e^{-0.5t} \sin(4.97t + 1.47)$$

$$M_p = e^{-\frac{\pi \zeta}{\sqrt{1 - \zeta^2}}} \times 100\% = 73\%$$

$$t_s = \frac{4}{\zeta \omega_n} = \frac{4}{0.1 \times 5} = 8 \text{ (s)} \qquad (\delta = 0.02)$$

② 当 $\zeta = 0.1$，$\omega_n = 1$ 时，则

$$x(t) = 1 - 1.005 e^{-0.1t} \sin(0.995t + 1.47)$$

$$M_p = 73\%, \quad t_s = \frac{4}{0.1 \times 1} = 40(s) \qquad (\delta = 0.02)$$

③ 当 $\zeta = 0.1$，$\omega_n = 10$ 时，则

$$x(t) = 1 - 1.005 e^{-t} \sin(9.95t + 1.47)$$

$$M_p = 73\%, \quad t_s = \frac{4}{0.1 \times 10} = 40(s) \qquad (\delta = 0.02)$$

Lb2D5051 已知系统闭环传递函数为

$$G(s) = \frac{\omega_n^2}{s^2 + 2\zeta \omega_n s + \omega_n^2}$$

试求 $\zeta = 0.5$，$\omega_n = 5$ 时系统的单位阶跃响应及超调量 M_p 与调整时间 t_s。

解：当 $\zeta = 0.5$，$\omega_n = 5$ 时，则

$$x(t) = 1 - 1.15 e^{-2.5t} \sin(4.33t + 1.047)$$

$$M_p = e^{-\frac{3.14 \times 0.5}{\sqrt{1 - (0.5)^2}}} \times 100\% = 16.3\%$$

$$t_s = \frac{4}{\zeta \omega_n} = \frac{4}{0.5 \times 5} = 1.6 \text{ (s)}$$

答：当 $x(t) = 1 - 1.15 e^{-2.5t} \sin(4.33t + 1.047)$ 时，超调量 $M_p = 16.3\%$，调整时间 $t_s = 1.6s$。

Lb2D5052　单位反馈控制系统的开环传递函数为

$$G(s) = \frac{4}{s(s+5)}$$

试求系统的单位阶跃响应和单位速度响应。

解：

$$Y(s) = \frac{4}{(s+1)(s+4)} R(s)$$

当单位阶跃输入时，即 $R(s) = \frac{1}{s}$，则

$$Y(s) = \frac{4}{(s+1)(s+4)} \times \frac{1}{s}$$

系统的单位阶跃响应为

$$y(t) = 1 - \frac{4}{3}e^{-t} + \frac{1}{3}e^{-4t}$$

$$Y(s) = \frac{4}{(s+1)(s+4)} \times \frac{1}{s^2}$$

系统的单位速度响应为

$$y(t) = t - \frac{5}{4} + \frac{4}{3}e^{-t} - \frac{1}{12}e^{-4t}$$

答：系统的单位阶跃响应为 $y(t) = 1 - \frac{4}{3}e^{-t} + \frac{1}{3}e^{-4t}$，系统的单位速度响应为 $y(t) = t - \frac{5}{4} + \frac{4}{3}e^{-t} - \frac{1}{12}e^{-4t}$。

Lb2D5053　已知最小相位系统的对数幅频特性的渐近线如图 D-31 所示，求它的传递函数。

解：因 $\lambda=1$（低频段有 -20dB/dec），所以为 I 型系统。对照典型环节的伯德图（如图 D-32 所示），不难看出该系统为比例环节+积分环节+一阶惯性环节+一阶微分环节+一阶惯性环节+一阶惯性环节 6 个环节串联而成。故

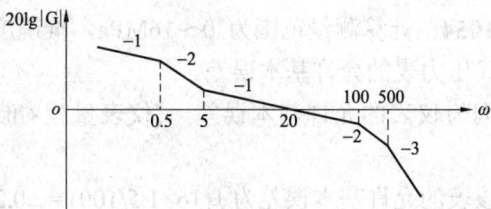

图 D-31

$$G(s) = \frac{K(1+T_2s)}{s(1+T_1s)\,(1+T_3s)\,(1+T_4s)}$$

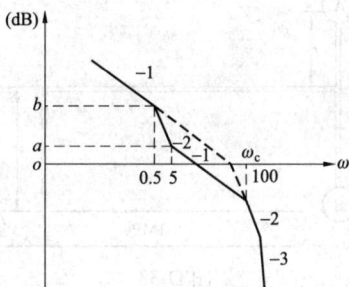

图 D-32

由图可知

$$T_1 = \frac{1}{\omega_1} = \frac{1}{0.5} = 2, \quad T_2 = \frac{1}{\omega_2} = \frac{1}{5} = 0.2$$

$$T_3 = \frac{1}{\omega_3} = \frac{1}{100} = 0.01, \quad T_4 = \frac{1}{\omega_4} = \frac{1}{500} = 0.002$$

对于 K 值，因是 I 型系统，$K=\omega_c$，应先求 a 再求得 b。因为

$$a = 20\lg\frac{20}{5} = 12 \ (\text{dB})$$

再利用 -40dB/dec，得 $b=52$（dB），由

$$52 = 20\lg\frac{\omega_c}{0.5} \qquad 得 \qquad \omega_c \approx 199 \approx 200$$

答：系统的传递函数 ω_c 约为 200。

Je5D1054 计算测量范围为 0～16MPa，准确度为 1.5 级的弹簧管式压力表的允许基本误差。

解：因为仪表的允许基本误差=±(仪表量程×准确度等级/100)

所以该表的允许基本误差为 ±(16×1.5/100) = ±0.24(MPa)

答：本仪表的允许基本误差为±0.24MPa。

Je5D1055 如图 D-33 所示，求 A、B 两压力表的示值。

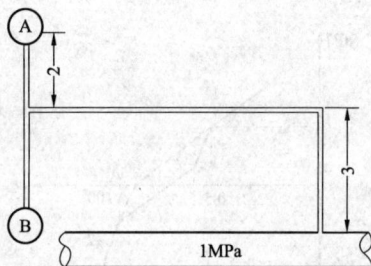

图 D-33

解：A 表示值 p_A=1−(2+3)×9.806 65×103×10^{-6}=0.95(MPa)

B 表示值 p_B=1MPa

答：A、B 两表的示值分别为 0.95MPa 和 1MPa。

Je5D2056 以毫安输出的 0.2 级变送器，配 0.1 级标准电阻，用 0.05 级电位差计测量，求该测量系统的综合误差。

解：由于局部误差项数较少，可按绝对值法计算综合误差。

已知变送器允许误差 δ_1 = ±0.2%

标准电阻允许误差 δ_2 = ±0.1%

电位差计允许误差 δ_3 = ±0.05%

综合误差 δ = ±(0.2+0.1+0.05)% = ±0.35%

答：该测量系统的综合误差为±0.35%。

Je5D3057 某台机组汽轮机额定转速 n_0 为 3000r/min，当机组从带额定负荷 100%突然变到 0 时，转速由 3000r/min 升高到 3150r/min，试计算该台机组的转速不等率 δ。

解：根据公式

$$\delta=(n_{max}-n_{min})/n_0\times100\%=(3150-3000)/3000\times100\%$$
$$=5\%$$

答：该台机组的转速不等率 δ 为 5%。

Je5D3058 有 2 块毫安表，一块量程为 0～30mA，准确度 0.2 级，一块量程为 0～150mA，准确度 0.1 级，现欲测量 25mA 电流，测量误差不大于 0.5%，应选用哪一块毫安表？并说明理由。

解：量程为 0～30mA、0.2 级毫安表的允许误差为

$$\Delta_1=30\times0.2\%=0.06（mA）$$

量程为 0～150mA、0.1 级毫安表的允许误差为

$$\Delta_2=150\times0.1\%=0.15（mA）$$

而测量 25mA 的允许误差应小于

$$\Delta=25\times0.5\%=0.125(mA)$$

答：根据计算结果应选用测量误差较小的仪表，即 30mA、0.2 级毫安表。

Je5D3059 同一条件下，12 次测量转速值为 2997、2996、2995、2996、2997、2996、2997、3012、2994、2995、2996、2997r/min，求测量值和标准差（如有坏值，应予以剔除）。

解：平均值 $X=(1/12)\times(2997+2996+2995+2996+2997+2996+2997+3012+2994+2995+2996+2997)=2997.3（r/min）$

标准差 $S=[(0.32+1.32+2.32+1.32+0.32+1.32+0.32+14.72+3.32+2.32+1.32+0.32)/11]\times0.5\approx4.716$

按三倍标准差计算为 $3\times4.716\approx14.15$

12 个数据中残差最大值为 3012−2999.3=14.7＞14.15，故 3012 作为坏值应予以剔除，剔除后的平均值为

X=(1/11)×(2997+2996+2995+2996+2997+2996+2997+2994+

    2995+2996+2997)×0.5=2996（r/min）

S=(12+0+12+0+12+0+12+22+12+0+12)=1.0

答：平均值即测量值为 2996r/min，标准差为 1.0。

Je5D4060　用 K 型热电偶测量炉膛内温度，电位差计显示 45.1mV 时冷端温度为 40℃，试求炉膛内温度值。已知 40℃时的热电势为 1.61mV。

解：$E(t,0) = E(t,40)+E(40,0)$=45.1+1.61=46.71(mV)

查表得，对应 46.71mV 的温度值为 1143℃。

答：炉膛内温度值为 1143℃。

Je5D4061　有 1 台测流量用的 3051 差压变送器，测量范围为 0～100t/h，瞬时流量为 80t/h，那么此 3051 差压变送器输出是多少毫安？

解：根据差压与流量的平方成正比，而差压与输出电流成正比，则

$$Q^2/Q_m^2 =(I_o-4)/(I_m-4)$$

所以 I_o=[(Q^2/Q_m^2)×(I_m−4)]+4=[(80²/100²)×(20−4)]+4=14.24（mA）

答：此 3051 变送器输出电流为 14.24mA。

Je4D3062　采用由空气标定的 LLB-25 型气体转子流量计测量氢气流量，若温度、压力与标定情况相同，试求转子稳定在流量 Q_K=30m³/h 刻度上时，实际氢气流量 Q_H 是多少（查表知氢气的密度 ρ_H=0.084kg/m³，标定时空气密度 ρ_K=1.205kg/m³）。

解：因氢气密度 ρ_H=0.08 4kg/m³，标定时空气密度 ρ_K=

$1.205kg/m^3$

故 $Q_H=Q_K(\rho_K/\rho_H)0.5=30×(1.205/0.084)×0.5=113.6(m^3/h)$

答：实际氢气流量 Q_H 等于 $113.6m^3/h$。

Je4D3063 在锅炉额定压力下，已知汽包内偏差水位在 $±0mm$ 和 $+140mm$ 时，测得平衡容器的输出差压分别为 $2000Pa$ 和 $1475Pa$。试求：差压计刻度水位分别为 $+320$、$+160$、-160、$-320mm$ 时，其校验差压应各为多少？

解：由于工况正常，各 ρ_ω、ρ_1、ρ_2 和 ρ_s 密度值保持常数，故 $\Delta p=K_1-K_2·\Delta H$。由题已知值可得

$$\left. \begin{array}{l} 2000=K_1-K_2×0 \\ 1475=K_1-K_2×140 \end{array} \right\}$$

解得

$$K_1=2000（Pa/mm），K_2=3.75（Pa/mm）$$

于是有

$$\Delta p_{+320}=K_1-K_2·\Delta H=2000-3.75×320=800（Pa）$$

$$\Delta p_{+160}=2000-3.75×160=1400（Pa）$$

$$\Delta p_{-160}=2000-3.75×(-160)=2600（Pa）$$

$$\Delta p_{-320}=2000-3.75×(-320)=3200（Pa）$$

答：校验差压分别为 $\Delta p_{+320}=800Pa$、$\Delta p_{+160}=1400Pa$、$\Delta p_{-160}=2600Pa$、$\Delta p_{-320}=3200Pa$。

Je4D3064 在对 1151 型差压变送器校验中，校验点为 $8mA$ 时测得其正行程输出电流值为 $7.95mA$，反行程输出电流值为 $7.99mA$，试计算出其基本误差和回程误差各为多少，判断出该校验点是否合格。此 1151 型差压变送器精度为 0.5 级。

解：该变送器的基本允许误差 $\Delta=±16×0.5\%=±0.08（mA）$

允许的回程误差为 $0.08mA$。

而正行程的测量误差 $\Delta=7.95-8=-0.05（mA）$

反行程的测量误差Δ=7.99−8= −0.01（mA）

回程误差Δ=|−0.05+0.01|=0.04（mA）

故测量误差及回程误差均在允许范围内，此表合格。

答：正、反行程的测量误差分别为−0.05mA 和−0.01mA，回程误差为 0.04mA，此表合格。

Je4D3065 已知 1151 压力变送器输出电流为 4～20mA，原测量范围 0～1MPa 改为测量范围为 1～2.5MPa 后，则原来 0.6MPa 压力的电流表工作点对应于改测量范围后的被测压力是多大？

解：因为输出电流与被测压力成正比，设 0.6MPa 时电流为 I_x，则

$$(0.6-0)/(1-0)=(I_x-4)/(20-4)$$

得 $\qquad\qquad\qquad I_x=13.6\text{mA}$

量程改动后，设 13.6mA 对应被测压力为 p_x，则

$$(p_x-1)/(2.5-1)=(13.6-4)/(20-4)$$

得 $\qquad\qquad\qquad p_x=1.9\text{MPa}$

即原来 0.6MPa 压力的电流表工作点对应于改测量范围后的被测压力是 1.9MPa。

答：原来 0.6MPa 压力的电流表工作点对应于改测量范围后的被测压力是 1.9MPa。

Je4D4066 用角行程电动执行机构控制风门挡板，已知挡板的最大旋转角度为 70°，测得执行机构转臂长度为 170mm，求风门挡板转臂的长度 S（已知 sin35°=0.574）。

解：由题意可知执行机构转臂长度为 170mm，因此执行机构的总行程 L 为

$$L=170\times\sqrt{2}=240（\text{mm}）$$

所以挡板转臂的长度 S 为

$$S=(240/2)/\sin(70/2) =209 \text{（mm）}$$

答：风门挡板转臂的长度 S=209mm。

Je3D3067 已知用无保护套管热电偶测温，其动态方程为 $RC(\mathrm{d}e/\mathrm{d}t)+e=\gamma_\Theta$，求传递函数。

解：由动态方程经拉氏变换可得

$$RCsE(s)+E(s) = \gamma_\Theta(s)$$
$$E(s)(RCs+1) = \gamma_\Theta(s)$$

答：传递函数为 $W(s)=E(s)/\gamma_\Theta(s)=\gamma/RCs+1$。

Je3D3068 有一拐臂长度为 250mm 的电动执行器，与一调节门相连，已知调节门全关到全开为 60°，求调节门拐臂长度（连接点至阀门芯距离）。

解：$\sqrt{250\times250+250\times250} \approx 354$ （mm）

答：因为调节门的全行程为 60°，实际上可视为等边三角形，所以调节门拐臂长度为 354mm。在其前后的 50mm 处再各钻一孔，以利调整。

Je3D3069 一块 1151 型差压变送器差压上限值为 80kPa，流量上限值为 320t/h，求变送器输出电流为 13.6mA 时差压是多少？相应的流量为多少？

解：根据流量与差压的平方成正比，而差压与输出电流成正比，则

$$\Delta p/\Delta p_m=I_o/I_m$$
$$\Delta p=(I_o\Delta p_m)/I_m=(13.6-4)\times80/16=48 \text{（kPa）}$$
$$Q/Q_m=\Delta p/\Delta p_m$$
$$Q=Q_m\times\sqrt{\Delta p/\Delta p_m}=320\times\sqrt{48/80}=247.9 \text{（t/h）}$$

答：差压变送器输出为 13.6mA 时，差压为 48kPa，流量为 247.9t/h。

Je3D3070 现有一凝结水流量节流装置，其标称参数如下：$d=44.662\text{mm}$，$\Delta p_{max}=60\text{kPa}$，$\alpha=0.610\,8$，试计算其最大质量流量。

解： 由题意得 $d=44.662\text{mm}$，$\Delta p_{max}=60\text{kPa}$，$\alpha=0.610\,8$

代入截面积 $S=\pi d^2/4$ 得

$S=3.141\,59\times44.662\times44.662/4=1566.627\,87\ (\text{mm}^2)$

由公式 $Q_{max}=\alpha\varepsilon S(2\rho\Delta p)\times0.5$

由于所测介质为凝结水，故式中 $\varepsilon=1$，$\rho=1000\text{kg/m}^3$

则 $Q_{max}=0.610\,8\times1\times0.001\,566\,627\,87\times(2\times1000\times60\,000)\times0.5$

$=9.568\,963\times1.2\times0.5=10.48(\text{kg/s})$

$=37.728（\text{t/h}）$

答： 此装置的最大质量流量为 37.728t/h。

Je3D3071 图 D-34 所示为双室平衡容器差压式水位计测量原理图，试求出偏差水位与输出差压之间的关系式。

解： 按力学原理，当汽包水位在任意值 H 时，平衡容器的输出差压 Δp 为

$$\Delta p = p_+ - p_- = L\rho_1\text{g} - H\rho_\omega\text{g} - (L-H)\rho_s\text{g}$$

$$= L(\rho_1-\rho_s)\text{g} - H(\rho_\omega-\rho_s)\text{g}$$

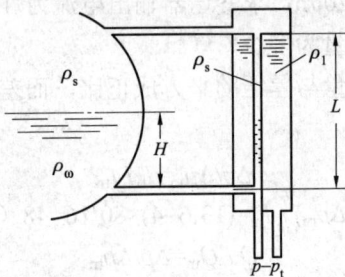

图 D-34

当汽包水位为零水位 H_0（即汽包几何中心线位置）时，输出差压为 Δp_0 为

$$\Delta p_0 = L(\rho_1 - \rho_s)g - H_0(\rho_\omega - \rho_s)g$$

Δp 减去 Δp_0 并令偏差水位 $\Delta H = H - H_0$，即得

$$\Delta p = \Delta p_0 - \Delta H(\rho_\omega - \rho_s)g$$

此即为偏差水位与输出差压之间的关系式。

答：偏差水位与输出差压之间的关系式为 $\Delta p = \Delta p_0 - \Delta H(\rho_\omega - \rho_s)g$。

Je3D3072 已知某节流装置最大流量 100t/h 时，产生的差压为 40kPa。试求差压计在 10、20、30kPa 时，分别流经节流装置的流量为多少 t/h？并分析表计的灵敏度。

解：因为流量与节流装前后的差压成正比，即有节流公式

$$q_x = k\sqrt{\Delta p_x}$$

设 $q_m = 100$t/h，$\Delta p_m = 40$kPa。则由节流公式得

$\Delta p_x = 10$kPa 时， $q_{10} = 100\sqrt{(10/40)} = 50.0$ (t/h)

$\Delta p_x = 20$kPa 时， $q_{20} = 100\sqrt{(20/40)} = 70.7$ (t/h)

$\Delta p_x = 30$kPa 时， $q_{30} = 100\sqrt{(30/40)} = 86.6$ (t/h)

由此可见，当差压 Δp_x 按正比增加时，流量按平方根增加，故差压计面板上流量刻度是不等距分布的，其灵敏度越来越高。

答：分别流经节流装置的流量为 $q_{10} = 50.0$t/h、$q_{20} = 70.7$t/h、$q_{30} = 86.6$t/h，表计的灵敏度越来越高。

Je3D3073 已知平衡容器的汽水连通管之间跨距为 300mm，汽包水位在 $H_0 = 150$mm 处，饱和水密度为 680.075kg/m³，饱和蒸汽密度为 59.086kg/m³，平衡容器正在管中冷凝水密度为 962.83kg/m³，试求：此时平衡容器的输出差压为多少？

解：由公式 $\Delta p = L(\rho_1 - \rho_s)g - H(\rho_\omega - \rho_s)g$

得：

$\Delta p = 0.3 \times (962.83 - 59.086) \times 9.8066 - 0.15 \times$
$(680.075 - 59.086) \times 9.8066 = 1745$ (Pa)

答：此时平衡容器的输出差压为 1745Pa。

Je2D3074 某高压锅炉蒸汽流量节流装置的设计参数为 p_h=14MPa，温度 t_h=555℃，当滑压运行参数 p=5MPa，t=380℃ 时，求示值修正值的 b_ρ 和实际流量 M_s。已知设计参数时密度 ρ_h=39.27kg/m³，运行参数的密度 ρ=17.65kg/m³，指示流量 M_j=600t/h。

解： 示值的修正系数 b_ρ 为

$$b_\rho = (\rho / \rho_h)0.5 = (17.63/39.27)×0.5=0.67$$

则由 $M_s = b_\rho M_j$　得 $M_s = 0.67×600=402$（t/h）

答： $b_\rho = 0.67$，$M_s = 402$t/h。

Je2D3075 已知某一变送器的可靠性概率是 0.95，试问当将 3 个该类变送器串联时和并联时，系统的总可靠性概率。

解： 串联时系统的可靠性=0.95×0.95×0.95=0.857

并联时系统的可靠性=1−(1−0.95)³=0.999 8

答： 串联时系统的可靠性为 0.857，并联时系统的可靠性为 0.999 8。

Je2D3076 已知氧化锆测得烟温为 800℃时的氧电动势为 16.04mV，试求：此时的烟气含氧量为多少（设参比气体含氧量 ϕ_1=20.8）？

解： 由题意 T=800+273.15=1073.15（K）

设烟气含氧量为 ϕ_2，则由能斯脱计算公式 E=0.049 61Tlg(ϕ_1/ϕ_2) 得

16.04=0.049 61×1073.15×lg（20.8/ϕ_2）

所以被测烟气含氧量 ϕ_2=10.392%

答： 此时的烟气含氧量为 10.392%。

Je2D3077 应用热电偶定律，试求如图 D-35 所示的三种热电极组成回路的总热电动势值，并指出其电流方向。

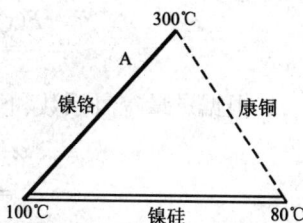

图 D-35

解法 1 根据均质导体定律，可令镍铬电极上任意一点 A 的温度为 80℃，于是回路热电动势可由镍铬-镍硅（K 分度）与镍铬-康铜（E 分度）两种热电偶对接而成，并假设回路电动势计算方向为顺时针方向，则有

$\Sigma e = E_K(100,80) - E_E(300,80) = (4.095-3.266) - (21.033-4.983) = -15.22(mV)$，因 Σe 是负值，说明电流方向为逆时针方向。

解法 2 在 3 支热电极中间各取一点并令其温度为 0℃。于是回路热电动势由镍铬-镍硅、镍铬-康铜和镍硅-康铜三支热电偶串接而成，其中镍硅-康铜热电动势用参考电极定律运算。假设回路电动势按顺时针方向为计算方向，则有

$$\Sigma e = E_K(100,0) - E_E(300,0) + E_E(80,0) - E_K(80,0)$$
$$= 4.095 - 21.033 + 4.983 - 3.266$$
$$= -15.22 \text{ (mV)}$$

结果与解法 1 相同，电流方向也是逆时针方向。

答：总热电动势 $\Sigma e = -15.22mV$，电流方向为逆时针方向。

Je2D3078 某 600MW 机组的锅炉负荷-氧量定值关系曲线的表达式为

$$F(x) = \begin{cases} 7 & (0\sim30\%MCR) \\ -1/15x+9 & (30\%\sim75\%MCR) \\ -1/50x+3.5 & (75\%\sim100\%MCR) \end{cases}$$

式中：$F(x)$ 为氧量；x 表示机组额定负荷。

试求该机组在 360MW 时的过量空气系数 α 值最佳为多少？

解：由锅炉负荷-氧量函数关系时可得在机组负荷为 360MW 时，MCR 为 60%，烟气含氧量经计算为

$$F(x)=-1/15\times60+9$$
$$=5$$

根据过量空气系数和烟气含氧量的关系式可得

$$\alpha=21/[21-F(x)]$$
$$=21/(21-5)=1.312\ 5$$

答：该 600MW 机组在 360MW 时的过量空气系统值最佳为 1.312 5。

Je2D3079 某 300MW 机组设计有过热蒸汽过热度低于 110℃跳汽轮机的保护（此机组逻辑设计为锅炉 MFT 不跳汽轮机），因锅炉方面的原因，过热蒸汽出口温度从 538℃降至 490℃，此时机前压力仍为 14MPa，这时是否会由于过热蒸汽过热度低发生跳汽轮机？

已知汽水在压力为 14MPa 时，对应的饱和蒸汽温度为 336.642℃。

解：在压力为 14MPa 时，对应的饱和蒸汽温度为 336.642℃，此时过热度为

$$490-336.642=153.358（℃）$$
$$153.358℃＞110℃$$

答：此时因为过热度高于 110℃，不会跳机。如果此时温度继续下降，达到 110℃将会跳机。

Je2D3080 已知图 D-36 中 $R_1=10\Omega$、$R_2=3\Omega$、$R_3=20\Omega$、$R_4=6\Omega$、$R_5=10\Omega$、$E=13V$，求各支路的电流。

解：根据给出的条件有

$$R_1R_4=R_2R_3$$

因此电桥是平衡电桥，通过 R_5 上的电流为零，R_5 开路有

$$I_1=I_2=E/(R_1+R_2)=13/10+3=1（A）$$
$$I_3=I_4=E/(R_3+R_4)=13/20+6=0.5（A）$$

答：I_1 等于 I_2 等于 1A，I_3 等于 I_4 等于 0.5A。

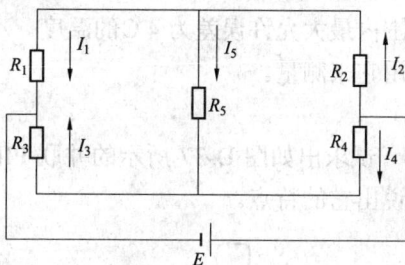

图 D-36

Je2D3081 锅炉给水压力值最大为 16MPa，最小为 15MPa，试问应选多大量程的压力表？

解： 仪表刻度上限值=3/2×测量上限值

$$=3/2×16$$

$$=24（MPa）$$

根据计算值，可选用量程为 0~25MPa 的压力表。

答： 可选用量程为 0~25MPa 的压力表。

Je2D3082 有一电池组，由 3 个电池串联，其电动势分别为 1.5、1.3、1.2V，内阻分别为 0.2、0.3、0.1Ω，如果这组串联电池组的两端接上一个 R=9.4Ω的电阻，试求电路中的电流。

解： $I=U/R$

$$=(1.5+1.3+1.2)/(0.2+0.3+0.1+9.4)$$

$$=4/10=0.4（A）$$

答： 电路中的电流为 0.4A。

Je2D3083 1 台精度为 0.5 的电位差计，量程范围为 600~1200℃，用它测量量程范围内最大允许误差为 4℃的某温度是否合适？

解： 该电位差计最大绝对误差为

$$(1200-600)×0.5/100=3（℃）$$

该电位差计的最大绝对误差为 3℃，小于 4℃，所以可以用它测量量程范围内最大允许误差为 4℃的温度。

答：可以用它来测量。

Je2D3084 试求出如图 D-37 所示的并联 PID 算法结构的动态方程，并说出它的特点。

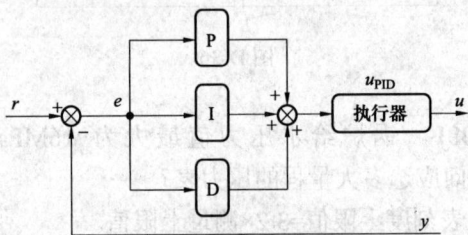

图 D-37

解：这是一个并联 PID 算法，输出则为 P、I、D 单独作用后三个输出相加。

动态方程为

$$u(t) = K\left[e(t) + \frac{1}{Ti}\int_0^t e(\tau)\mathrm{d}\tau + T\mathrm{d}\frac{\mathrm{d}e(t)}{\mathrm{d}(t)} \right]$$

答：这是一个并联 PID 算法，将调节器的比例、积分、微分通道单独作用后并联输出，调节器的 P、I、D 参数整定互相不影响。

Je2D3085 试求出如图 D-38 所示的微分先行 PID 算法结构的动态方程，并说出它的特点。

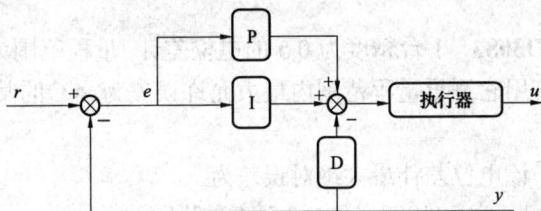

图 D-38

解：这是一个微分先行的 PID 算法，输出则为 P、I、D 单独作用后，然后 P、I 相加减去 D 作用。

动态方程为

$$u(t) = K\left[e(t) + \frac{1}{Ti}\int_0^t e(\tau)\mathrm{d}\tau - Td\frac{\mathrm{d}y(t)}{\mathrm{d}(t)} \right]$$

答：微分先行的 PID 算法，输出则为 P、I、D 单独作用后，然后 P、I 相加减去 D 作用。

Je2D3086 设某系统的特征方程式为 $S^3 + 4S^2 + 100S + 600 = 0$，试用劳斯判据判断系统的稳定性。

解：由已知的特征方程式知，全部系统都是正值，计算劳斯表中各系数为

S^3	1	100
S^2	4	600
S^1	−50	0
S^0	600	

因第一列中出现负数，所以系统不稳定。

答：特征方程式为 $S^3 + 4S^2 + 100S + 600 = 0$ 的系统不稳定。

Je2D3087 某台 600MW 机组采用 24V 直流电源向现场一电磁阀供电，检修人员检查此电源时，测得 24V 直流电源的输出有变化，两次测量值分别为 23.4V 和 23.5V，试问这样的 24V 直流电源输出的电压是否符合要求。

解：因为 24V 直流电源的输出电压波动不能超过 ±5%，取两次测量值的偏差大值为

$$\Delta_{max} = \frac{23.4 - 24}{24} \times 100\%$$
$$= -2.5\%$$

答：最大偏差值 −2.5% 没有超过 24V 直流电源的输出电压

波动值±5%，所以是符合要求的。

Je1D3088 某台 300MW 机组的给水流量采用长径喷嘴进行测量，测量压差为 0～100kPa，刻度流量为 0～1100t/h，给水流量变送器输出 4～20mA 信号送入 DCS 系统，问在 DCS 系统内设置给水流量的量程为 0～1400 t/h，当测得的瞬时差压为 64kPa 时，DCS 系统中显示的给水流量为多少？

解：因为流量与节流装前后的差压成正比，即有节流公式

$$q_x = k\sqrt{\Delta p_x}$$

假定 DCS 中的量程设置与现场是一致的，即当差压为 64kPa 时，流量为

$$q_{64} = 1100\sqrt{\frac{64}{100}}$$
$$= 880 \ (\text{t/h})$$

因为在 DCS 系统内设置给水流量的量程为 0～1400t/h，所以 DCS 内显示的值为

$$q = 880 \times \frac{1400}{1100} = 1120 \ (\text{t/h})$$

答：在 DCS 系统内的显示值为 1120 t/h。

Je1D3089 在测量 DCS 系统 I/O 通道的精度时，在热电偶输入端上加入毫伏信号，在 DCS 系统计算机上显示温度。表 D-1 所示为加入的毫伏信号和温度值。问 DCS 系统内此 I/O 通道是否满足精度要求（已知 DCS 系统内温度的量程设置为 0～1000℃，考虑到现场的实际温度，毫伏信号只加到了 600℃）。

表 D-1　　　　　加入的毫伏信号和对应的温度值

输入信号（mV）	4.095	8.137	12.207	16.395	20.640	24.902
显示温度（℃）	100.0	200.0	300.2	400.3	500.2	600.0

解: 根据《火力发电厂分散控制系统验收测试规程的要求》，DCS 系统 I/O 通道的精度在 DCS 整个运行环境范围内应满足模拟量低电平输入信号（热电阻、热电偶）为±0.2%，从表 D-1 可知最大偏差为

$$\Delta_{max} = \frac{400.3 - 400}{1000} \times 100\%$$
$$= 0.03\% < 0.2\%$$

答: DCS 系统内此 I/O 通道满足精度要求。

Je1D3090 简化如图 D-39（a）所示的方框图，并求出它的传递函数。

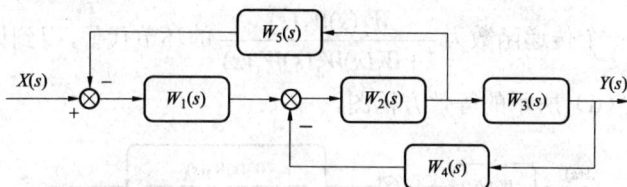

图 D-39（a）

解: 从图上可以看出有两个局部反馈回路相互重叠，根据方框图等效变换的基本规则，简化步骤如下：

（1）将第一个相加点后移，并将两个连续相加点的位置互换，可得到如图 D-39（b）所示的系统方框图。

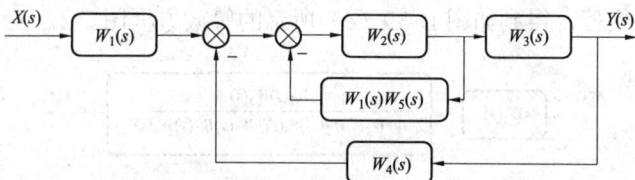

图 D-39（b）

（2）将 $W_2(s)$ 与 $W_1(s)W_5(s)$ 两个环节构成的局部反馈回路用

一个传递函数为 $\dfrac{W_2(s)}{1+W_1(s)W_5(s)}$ 的环节代替，得到如图 D-39（c）所示的等效方框图。

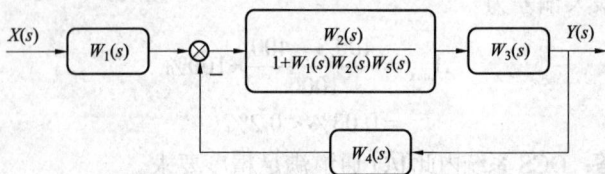

图 D-39（c）

（3）将 $\dfrac{W_2(s)}{1+W_1(s)W_2(s)W_5(s)}$ 与 $W_3(s)$ 两个环节构成的串联回路用一个传递函数为 $\dfrac{W_2(s)W_3(s)}{1+W_1(s)W_2(s)W_5(s)}$ 的环节代替，得到如图 D-39（d）所示的等效方框图。

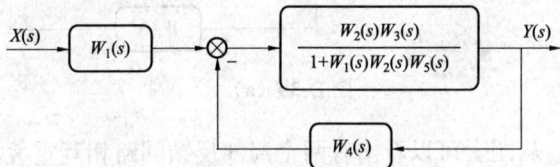

图 D-39（d）

（4）将 $\dfrac{W_2(s)W_3(s)}{1+W_1(s)W_2(s)W_5(s)}$ 与 $W_4(s)$ 构成的反馈回路用一个环节代替，得到如图 D-39（e）所示的等效方框图。

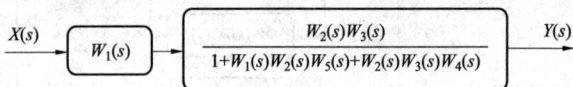

图 D-39（e）

（5）将两个串联环节用一个环节代替，得到所求环节的等效传递函数为 $W(s)$，所以有

$$W(s) = \frac{W_1(s)W_2(s)W_3(s)}{1 + W_1(s)W_2(s)W_5(s) + W_2(s)W_3(s)W_4(s)}$$

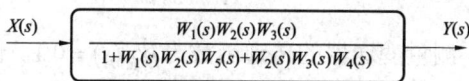

$$X(s) \rightarrow \boxed{\frac{W_1(s)W_2(s)W_3(s)}{1+W_1(s)W_2(s)W_5(s)+W_2(s)W_3(s)W_4(s)}} \rightarrow Y(s)$$

图 D-39（f）

答：简化的系统方框图如图 D-39（f）所示，它的传递函数 $W(s)$ 为

$$W(s) = \frac{W_1(s)W_2(s)W_3(s)}{1 + W_1(s)W_2(s)W_5(s) + W_2(s)W_3(s)W_4(s)} \circ$$

Je1D3091　图 D-40 所示为一个阻容滤波器，电阻为 R，电容为 C,若电容 C 两端的初始电压为零，根据图示写出阻容滤波器的动态方程式。

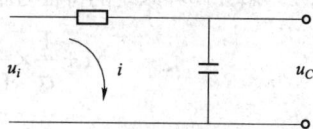

图 D-40

解：根据欧姆定律可写出方程为

$$i = \frac{u_i - u_C}{R} \tag{1}$$

电压 u_C 随电流 i 对电容的不断充电而改变，是一个动态过程，因为电容两端的初始电压为零，所以它的动态方程为

$$u_C = \frac{1}{C}\int_0^t i \mathrm{d}t \tag{2}$$

由式（1）和式（2）消去中间变量 i 可得到阻容滤波器的动态方程式为

$$RC\frac{\mathrm{d}u_C}{\mathrm{d}t} + u_C = u_i$$

答：阻容滤波器的动态方程式为

$$RC\frac{\mathrm{d}u_C}{\mathrm{d}t} + u_C = u_i \circ$$

Je1D3092 单回路控制系统的结构如图 D-41 所示。控制对象的传递函数为 $W_{ob}(s) = \dfrac{8}{(1+15s)^2}$，采用比例控制器 $W_P(s) = \dfrac{1}{\sigma}$，测量变送器的传递函数为 $W_m(s) = 0.1$，试求控制器的比例度 σ。

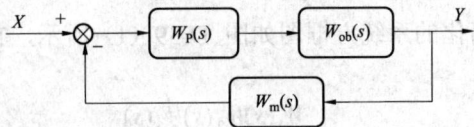

图 D-41

解： 闭环系统的特征方程为

$$1 + \frac{1}{\sigma} \times \frac{8}{(1+15s)^2} \times 0.1 = 0$$

$$225s^2 + 30s + 1 + \frac{0.8}{\sigma} = 0$$

写成标准式为

$$s^2 + \frac{30}{225}s + \frac{1}{225}\left(1 + \frac{0.8}{\sigma}\right) = 0$$

与典型的二阶系统的特征方程式 $s^2 + 2\xi\omega_n s + \omega_n^2 = 0$ 比较可得

$$2\xi\omega_n = \frac{30}{225}$$

$$\omega_n^2 = \frac{1}{225}\left(1 + \frac{0.8}{\sigma}\right)$$

解得

$$\xi = \frac{30}{2\times15\sqrt{1 + \dfrac{0.8}{\sigma}}}$$

如果取整定指标衰减率 $\psi = 0.75$，对应的阻尼比 $\xi = 0.216$，则

$$\sigma = \frac{0.8}{\left(\dfrac{1}{0.216}\right)^2 - 1} = 0.04 = 4\%$$

答：如果取整定指标衰减率 $\psi = 0.75$，控制器的比例精度为 4%。

Je1D3093 已知系统结构如图 D-42 所示。

（1）求传递函数 $C(s)/R(s)$ 和 $C(s)/N(s)$。

（2）假设要消除干扰对输出的影响［即 $C(s)/N(s)=0$］，问 $G_0(s)$ 等于多少？

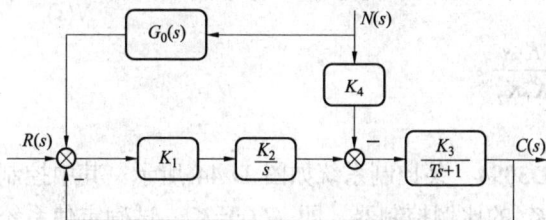

图 D-42

解：（1）令 $N(s)=0$，求 $\dfrac{C(s)}{R(s)} = \dfrac{K_1 K_2 K_3}{TS^2 + S + K_1 K_2 K_3}$

令 $R(s)=0$，求 $\dfrac{C(s)}{N(s)}$ 时应先作等效变换框图，如图 D-43 所示，求得：

$$\frac{C(s)}{N(s)} = \frac{\left(\dfrac{G_0 K_1 K_2}{s} - K_4\right)\dfrac{K_3}{Ts+1}}{1 + \dfrac{K_3}{Ts+1} \cdot \dfrac{G_0 K_1 K_2}{s}} = \frac{K_3(G_0 K_1 K_2 - K_4 s)}{s(Ts+1) + K_1 K_2 K_3}$$

（2）要使 $\dfrac{C(s)}{N(s)} = 0$，则须 $K_3(G_0 K_1 K_2 - K_4 s) = 0$，求得 $G_0(s) = \dfrac{K_4 s}{K_1 K_2}$。

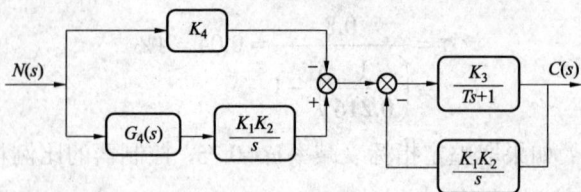

图 D-43

答：（1）

$$\frac{C(s)}{R(s)} = \frac{K_1 K_2 K_3}{Ts^2 + s + K_1 K_2 K_3}$$

$$\frac{C(s)}{N(s)} = \frac{K_3(G_0 K_1 K_2 - K_4 s)}{s(Ts+1) + K_1 K_2 K_3}$$

（2）若要消除干扰对输出的影响，因为 $\dfrac{C(s)}{N(s)} = 0$ ，则有

$$G_0(s) = \frac{K_4 s}{K_1 K_2} \text{。}$$

Je1D3094 某控制系统如图 D-44 所示。其中控制器采用增益为 K_p 的比例控制器，即 $G_c(s)=K_p$，试确定使系统稳定的 K_p 值范围。

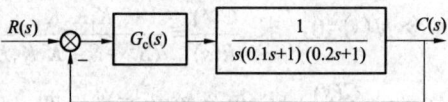

图 D-44

解：系统的闭环传递函数为

$$G_B(s) = \frac{C(s)}{R(s)} = \frac{G_c(s)}{s(0.1s+1)(0.2s+1) + G_c(s)}$$

系统的闭环特征方程为

$$D(s) = s(0.1s+1)(0.2s+1) + K_p$$
$$= 2s^3 + 30s^2 + 100s + 100K_p$$

列劳斯列阵

$$
\begin{array}{ccc}
s^3 & 2 & 100 \\
s^2 & 30 & 100K_{\mathrm{p}} \\
s & \dfrac{30\times100-2\times100K_{\mathrm{p}}}{30} & \\
s^0 & 100K_{\mathrm{p}} &
\end{array}
$$

若要使系统稳定，其充要条件是劳斯列表的第一列均为正数，得稳定条件为

$$100K_{\mathrm{p}}>0$$

$$\frac{30\times100-2\times100K_{\mathrm{p}}}{30}>0$$

求得 K_{p} 取值范围：$0<K_{\mathrm{p}}<15$

答：系统稳定的 K_{p} 取值范围为 $0<K_{\mathrm{p}}<15$。

Je1D3095　某系统结构如图 D-45 所示，作为近似，令 $G(s)=K_2$。

（1）计算系统对 K_2 的灵敏度。

（2）计算干扰 $N(s)$ 对输出 $C(s)$ 的影响。

（3）为了使干扰对系统的影响最小，应怎样选择 K_1 的取值。

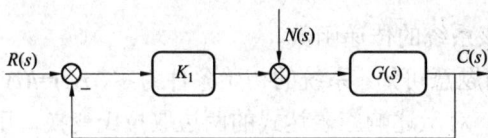

图 D-45

解：（1）系统闭环传递函数 $G_{\mathrm{B}}(s)$ 为

$$G_{\mathrm{B}}(s)=\frac{C(s)}{R(s)}=\frac{K_1K_2}{1+K_1K_2}$$

系统对 K_2 的灵敏度为

$$S_{K_2}=\frac{\partial G_{\mathrm{B}}(s)}{\partial K_2}\cdot\frac{K_2}{G_{\mathrm{B}}(s)}=\frac{1}{1+K_1K_2}$$

（2）令 $R(s)$ 为零，求 $C(s)/N(s)$，如图 D-46 所示，有

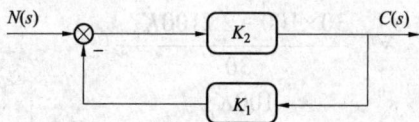

图 D-46

$$\frac{C(s)}{N(s)} = \frac{K_2}{1 + K_1 K_2}$$

$$C(s) = \frac{K_2}{1 + K_1 K_2} N(s)$$

（3）为了使干扰对系统影响的最小即 $N(s) \uparrow$，$C(s) \to 0$，有

$$\frac{C(s)}{N(s)} = \frac{K_2}{1 + K_1 K_2} \approx \frac{1}{K_1}$$

答：应该增大 K_1。

Je1D3096 设系统处于静止状态，当输入单位阶跃函数时其输出响应为

$$y(t) = 1 - e^{-2t} + e^{-t} \qquad (t > 0)$$

试求该系统的传递函数。

解：由题意可知：系统的初始条件为零，$r(t) = l(t)$ 于是 $R(s) = L[l(t)] = 1/s$。对上述响应表达式的两边取拉氏变换，则有

$$Y(s) = \frac{1}{s} - \frac{1}{s+2} + \frac{1}{s+1} = \frac{s^2 + 4s + 2}{s(s+2)(s+1)}$$

令 $Y(s) = G(s)R(s) = G(s)/s$，由上式便可求得系统的传递函数为

$$G(s) = \frac{Y(s)}{R(s)} = \frac{s^2 + 4s + 2}{(s+2)(s+1)}$$

答：系统的传递函数为 $G(s) = \dfrac{Y(s)}{R(s)} = \dfrac{s^2 + 4s + 2}{(s+2)(s+1)}$。

Je1D3097 设控制系统的结构图如图 D-47 所示，其输入信号为单位斜坡函数［即 $r(t)=t$］。当 $\tau=0$ 和 $K_1=1$ 时，计算系统的暂态性能（超调量 σ_p 和调节时间 t_s）以及稳态误差。

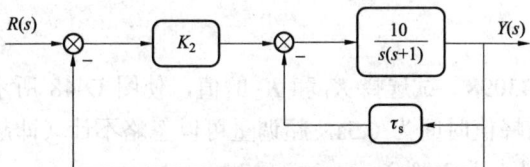

图 D-47

解：由结构图可得，系统的开、闭环传递函数为

$$G_k(s)=\frac{10K_1}{s(s+1+10\tau)}=\frac{\dfrac{10K_1}{1+10\tau}}{s\left(\dfrac{s}{1+10\tau}+1\right)} \qquad (1)$$

$$\phi(s)=\frac{G_k(s)}{1+G_k(s)}=\frac{10K_1}{s^2+(1+10\tau)s+10K_1}=\frac{\omega_n^2}{s^2+2\xi\omega_n s+\omega_n^2}$$

可见它是一个二阶规范系统，系统的开环增益为

$$K=K_v=\frac{10K_1}{1+10\tau}$$

当 $K_1=0$ 和 $\tau=0$（即局部反馈回路断开）时由式（1）可得此时系统的闭环传递函数为

$$\phi_1(s)=\frac{\omega_{n1}^2}{s^2+2\xi_1\omega_{n1}s+\omega_{n1}^2}$$

式中 $\omega_{n1}=\sqrt{10}=3.16\,\text{rad}/\text{s}$，$\xi_1=1/(2\omega_{n1})=0.16$。

于是由二阶系统性能指标表达式，则可求得系统的性能为

$$\sigma_p=e^{-\pi\xi_1/\sqrt{1-\xi_1^2}}\times100\%=60.1\%$$

$$t_s=\frac{3}{\omega_{n1}\xi_1}=6\ (\text{s})$$

$$e_{ss} = \frac{1}{K_v} = \frac{1}{10K_1} = 0.1$$

答：超调量 σ_p 为 60.1%，调节时间 t_s 为 6s，稳态误差 e_{ss} 为 0.1。

Je1D3098　试选择 K_1 和 K_2 的值，使图 D-48 所示系统阶跃响应的峰值时间为 0.5s，超调量可以忽略不计（即超调量大于 0.5% 且小于 2.0%）。

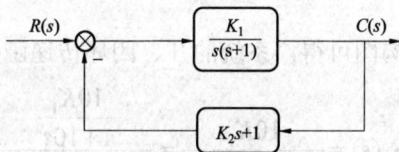

图 D-48

解：取 $\delta = 0.5\%$，$\xi = 0.9$，$t_p = \dfrac{\pi}{\omega\sqrt{1-\xi^2}} = 0.5$，求得 $\omega_n = 14.3$，则有

$$\frac{R(s)}{C(s)} = \frac{K_1}{s^2 + (1+K_1K_2)s + K_1} = \frac{\omega_n^2}{s^2 + 2\xi\omega_n s + \omega_n^2}$$

$$K_1 = \omega_n^2 = 204.5$$

$$1 + K_1K_2 = 2\xi\omega_n$$

$$K_2 = \frac{2\xi\omega_n - 1}{K_1} = 0.12$$

答：K_1 取 204.5，K_2 取 0.12。

Je1D4099　某控制系统的结构如图 D-49 所示，试确定闭环系统对 b 的灵敏度，并在 $1 \leqslant K \leqslant 50$ 范围内，确定 K 的最佳取值，使得干扰对系统的影响和系统对 b 的灵敏度为最小。

解：系统的闭环传递函数为

$$G_B(s) = \frac{\dfrac{Kb}{s+1}}{1 + \dfrac{Kb}{s+1}} = \frac{Kb}{s+1+Kb}$$

$$s_b^{G_B(s)} = \frac{\partial G_B(s)}{\partial b} \cdot \frac{b}{G_B(s)} = \frac{(s+1+Kb)K - KbK}{(s+Kb+1)^2} \cdot \frac{b}{\dfrac{Kb}{s+1+Kb}}$$

$$= \frac{s+1}{s+1+Kb}$$

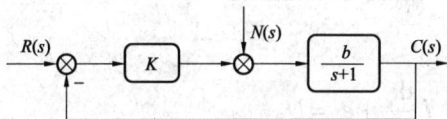

图 D-49

求干扰对系统的影响，令 $R(s)=0$，求 $E(s)/N(s)$，如图 D-50 所示，则有

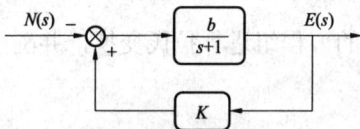

图 D-50

$$\frac{E(s)}{N(s)} = \frac{\dfrac{b}{s+1}}{1 + \dfrac{Kb}{s+1}} = \frac{b}{s+1+Kb}$$

因为 $\qquad N(s) = 1(t) \qquad e_{ss} = \dfrac{b}{1+Kb}$

所以 $\qquad K\uparrow \quad e_{ss} \to 0$

答：在 $1 \leqslant K \leqslant 50$ 范围内，干扰对系统的影响和系统对 b 的灵敏度为最小，K 为 50 是最佳值。

Je1D4100 图 D-51 所示为一个转速控制系统，输入量是电压 U，输出量是负载的转速 ω，画出系统结构图，并写出输入与输出间的数学表达式。

解：（1）列出各部分的微分方程。

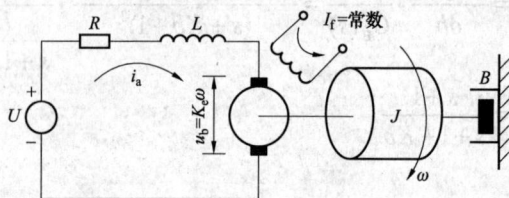

图 D-51

1）$Ri_a + L\dfrac{\mathrm{d}i_a}{\mathrm{d}t} + e_b = U$

2）$e_b = K_e\omega$

3）$M_d = K_m i_a$

4）$J\dfrac{\mathrm{d}\omega}{\mathrm{d}t} + B\omega = M_d - M_l$，$M_d$、$M_l$ 为电磁力矩与负载力矩。

（2）对上面的方程组进行拉氏变换，并画出系统结构图如图 D-52 所示。

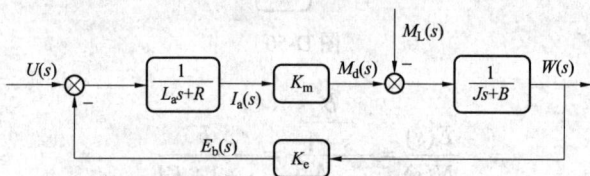

图 D-52 转速系统结构图

1）$I_a(s) = \dfrac{u(s) - E_b(s)}{L_a(s) + b}$

2）$E_b(s) = K_e\omega(s)$

3）$M_d(s) = K_m i_a(s)$

4) $\dfrac{\omega(s)}{U(s)} = \dfrac{M_{\mathrm{d}}(s) - M_{\mathrm{L}}(s)}{Js + B}$

消除中间变量 $I_{\mathrm{a}}(s)$，得到系统传递函数为

$$\frac{\omega(s)}{U(s)} = \frac{\dfrac{K_{\mathrm{m}}}{JL_{\mathrm{a}}}}{s^2 + \left(\dfrac{R}{l_{\mathrm{a}}} + \dfrac{B}{J}\right)s + \dfrac{K_{\mathrm{m}}K_{\mathrm{e}}}{JL_{\mathrm{a}}}}$$

答：输入、输出间的数学表达式为

$$\frac{\omega(s)}{U(s)} = \frac{K_{\mathrm{m}} / JL_{\mathrm{a}}}{s^2 + \left(\dfrac{R}{L_{\mathrm{a}}} + \dfrac{B}{J}\right)s + \dfrac{K_{\mathrm{m}}K_{\mathrm{e}}}{JL_{\mathrm{a}}}} \circ$$

4.1.5 绘图题

La4E3001 画出如图 E-1 所示电路的微边变等效电路。

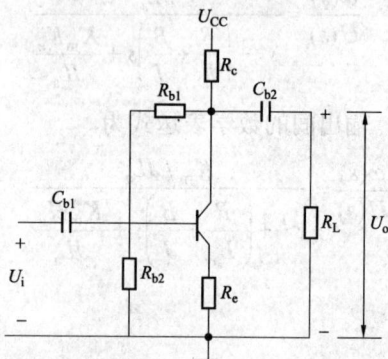

图 E-1

答：微边变等效电路如图 E-2 所示。

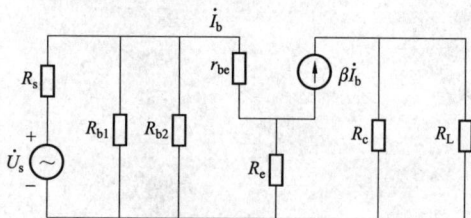

图 E-2

La3E4002 试画出线反转法识别 4×4 键盘的原理图，并叙述其工作原理。

答：原理图如图 E-3 所示。

第一步在 D0～D3 输出全 0，然后读入 D4～D7 位，其中由 1 变为 0 的位对应的行为按下键所在行。

第二步在 D4～D7 输出全 0，然后读入 D0～D3 位，其中由 1 变为 0 的位对应的列为按下键所在列。

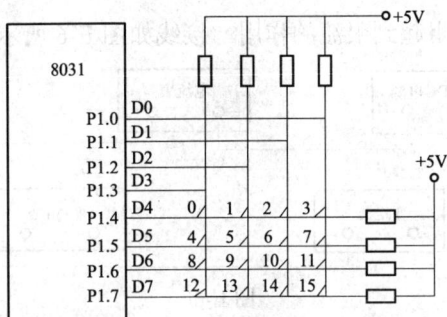

图 E-3

综合一、二步结果即可确定按下键所在的行和列，即识别出所按下的键。

Je5E1003 画出四线制差压变送器检定接线示意图。

答：如图 E-4 所示。

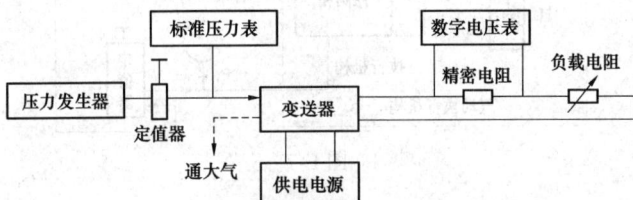

图 E-4

Je5E2004 需校验一两线制变送器，请将下列设备用导线连接起来，并说出电阻的作用。

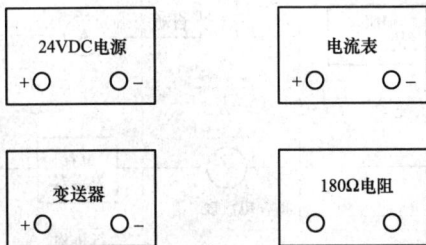

图 E-5

179

答：电阻起到限流的作用。接线如图 E-6 所示。

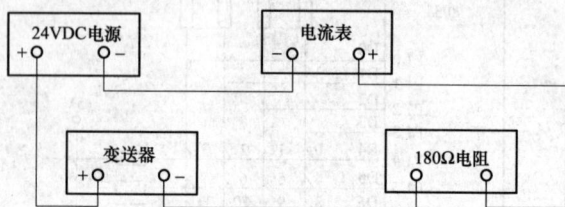

图 E-6

Je4E1005 请画出在现场校验气动执行机构的管路连接图。
答：如图 E-7 所示。

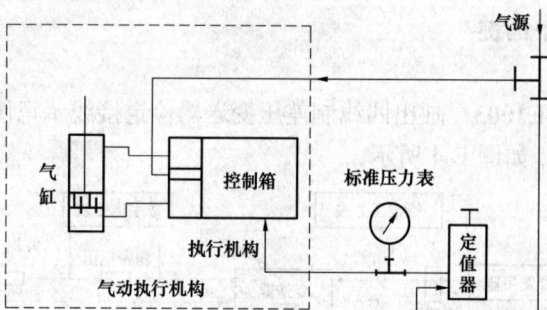

图 E-7

Je4E3006 请画出 DKJ 电动执行器工作原理方框图。
答：工作原理框图如图 E-8 所示。

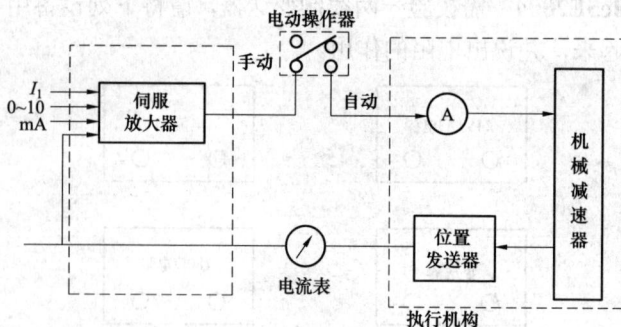

图 E-8

Je4E3007 试画出汽温串级调节系统组成原理图。

答：如图 E-9 所示。

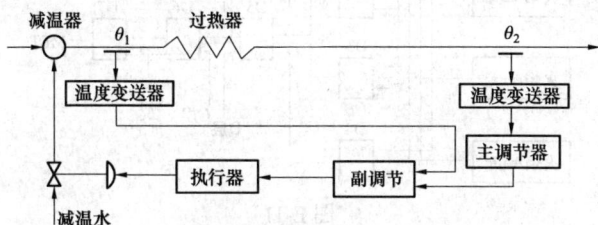

图 E-9

Je4E3008 TFT-060/B 调节组件由哪几部分组成？并画出原理框图。

答：TFT-060/B 型调节组件的原理框图如图 E-10 所示。它由偏差、比例微分、比例积分运算电路，以及自动/手动切换电路、输出限幅电路等组成。

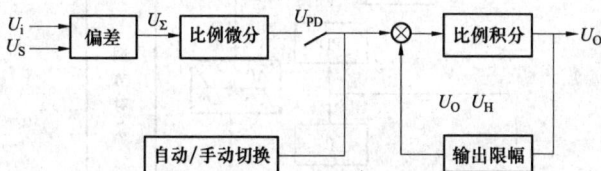

图 E-10

Je3E3009 如图 E-11 所示为锅炉炉膛熄火判别逻辑图，说明图中各逻辑门电路应为何种电路，并解释逻辑图的工作原理。

答：D1～D4、D6 和 D7 均为与门，D5 为或门。

其工作原理是：当一层中 4 个角火焰有 3 个失去，即该层火焰熄灭，若 4 个火焰都熄灭，且燃料证实信号存在时，则认为全炉膛灭火，发出 MFT 指令。

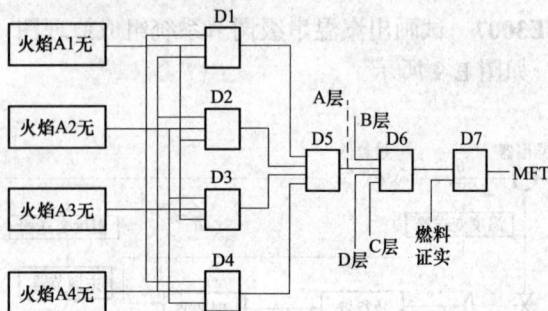

图 E-11

Je3E4010 试画出锅炉跟随汽轮机为基础的协调控制系统的原则性方框图，简述系统中引入非线性元件及 PD 的目的。

答: 方框图如图 E-12 所示。

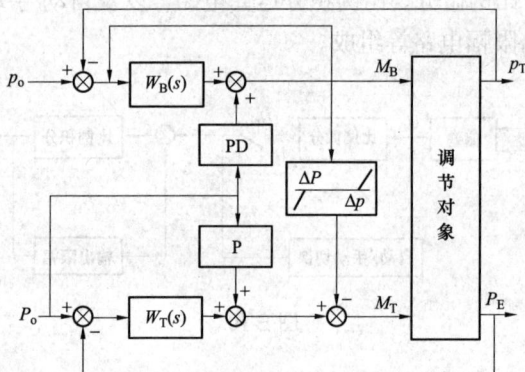

图 E-12

引入非线性元件的目的如下:① 提高机组对外界负荷变化初始响应能力（当 p_0 变化时，让 p_T 在一定范围内变化，充分利用机炉间的互相作用——利用非线性元件的死区）；② 限制 p_T 在动态过程中的过大变化（利用非线性元件的输出）。

引入 PD 的目的是在 p_0 变化时加强对锅炉侧的调节作用。

Je4E3011 试画出单通道 DAS 的组成框图。

答：单通道 DAS 的组成框图如图 E-13 所示。

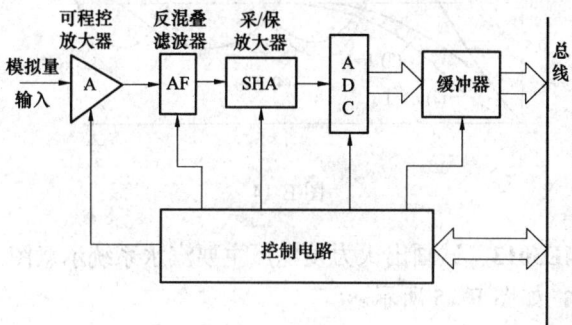

图 E-13

Je2E5012 写出系统振荡环节特征方程的根和分析 5 种不同根值对单位阶跃的响应（过渡函数又称时间域），并用图示之。

答：系统振荡环节的特征方程式为

$$T^2S^2+2LTS+1=0$$

其根值为

$$S_{1,2}=\frac{-2LT\pm\sqrt{(2LT)^2-4T^2}}{2T^2}=\frac{1}{T}(-L\pm\sqrt{L^2-1})$$

（1）当 $0<L<1$ 时，其根为一对负实部的共轭复数，阶跃响应为衰减振荡过程。

（2）当 $L>1$ 时，为两个不相等的实根，阶跃响应为非周期过程。

（3）当 $L=1$ 时，为一对重根，阶跃响应为临界非周期过程。

（4）当 $L=0$ 时，为一对共轭重根，阶跃响应为等幅振荡过程。

（5）当 $L<0$ 时，为一对正实部的共轭复数，阶跃响应为扩散振荡。

该调节系统对单位阶跃的响应如图 E-14 所示。

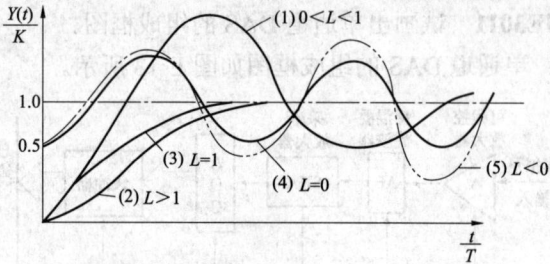

图 E-14

Jf4E3013 试画出火力发电厂主要汽水系统示意图。

答：如图 E-15 所示。

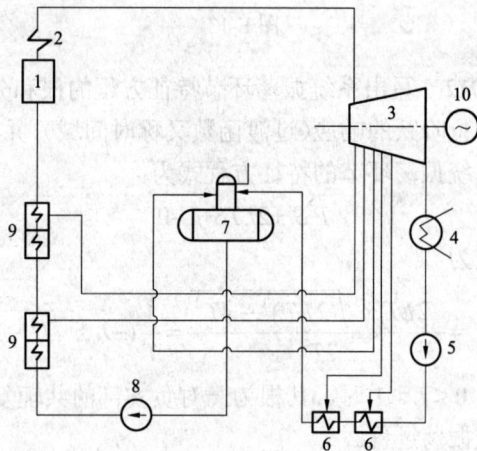

图 E-15

1—锅炉；2—过热器；3—汽轮机；4—凝汽器；5—凝结水泵；

6—低压加热器；7—除氧器；8—给水泵；

9—高压加热器；10—发电机

Jf2E3014 某机件加工厂所使用的设备，运行渗漏问题严重，QC 小组进行了讨论，共提出如下原因：设备老化、轴磨损；选料不好，代用料多；责任心不强，教育少；工艺不合理，无标准；室温高，热管无保温；用垫太硬（铅垫）；操作不当，无程序；安装质量差，管道别劲；技术水平低，培训少；地面振动，有临时泵。请把讨论中所提出的原因绘出因果图。

答：因果图如图 E-16 所示。

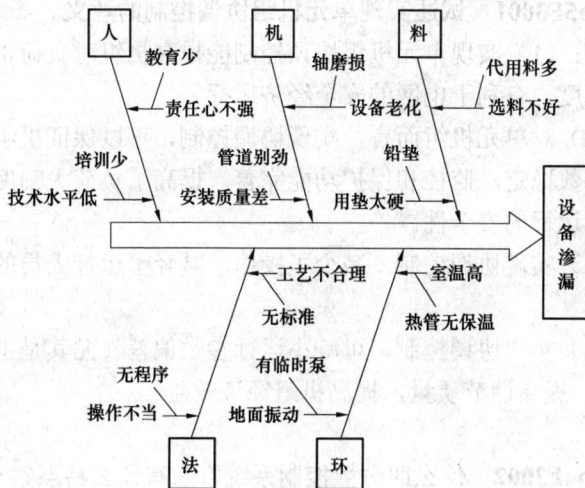

图 E-16

4.1.6 论述题

Lb5F3001 试述实现单元机组协调控制的意义。

答：（1）实现单元机组协调控制能提高机组对负荷指令的响应速度，有利于电网的安全经济运行。

（2）对单元机组而言，实现协调控制，可以保证机组主要运行参数稳定，监控和保护功能完善，提高了负荷大幅度升降时机组运行的安全性。

（3）实现协调控制，减少了操作，减轻了运行人员的劳动强度。

（4）实现协调控制，可减小运行参数偏差（尤其是主蒸汽压力），提高调节质量，提高机组经济效益。

Lb4F2002 什么叫分散控制系统？它有什么特点？

答：分散控制系统又称总体分散型控制系统，它是以微处理机为核心的分散型直接控制装置。它的控制功能分散（以微处理机为中心构成子系统），管理集中（用计算机管理）。它与集中控制系统比较有以下特点：

（1）可靠性高（即危险分散）。以微处理机为核心的微型机比中小型计算机的可靠性高，即使一部分系统故障也不会影响全局，当管理计算机故障时，各子系统仍能进行独立的控制。

（2）系统结构合理（即结构分散）。系统的输入、输出数据预先通过子系统处理或选择，数据传输量减小，减轻了微型机的负荷，提高了控制速度。

（3）由于信息量减小使编程变得简单，因此修改、变动都很方便。

（4）由于控制功能分散，子系统可靠性提高，因此对管理计算机的要求可以降低，对微型机的要求也可以降低。

Lb4F3003　试述单元机组自动调节有什么特点。

答：单元机组，即锅炉生产的蒸汽直接送到汽轮机，锅炉和汽轮机已经成为一个整体，需要有一个共同的控制点，需要锅炉和汽轮机紧密配合，协调一致，以适应外部负荷的需要。

单元机组，特别是有中间再热器的机组，当外部负荷变化时，由于中间再热器的容积滞后，中、低压缸的功率变化出现惯性，对电力系统调频不利，需要在调节系统上采取措施。

单元机组汽包压力、汽轮机进汽压力在燃烧侧扰动时变化较大，而蒸汽流量变化较小，单元机组汽压调节系统宜选用汽包压力或汽轮机进汽压力作为被调量。

Lb4F3004　什么是可编程调节器？它有什么特点？

答：可编程调节器又称数字调节器或单回路调节器，它是以微处理器为核心部件的一种新型调节器。可编程调节器的各种功能可以通过改变程序（编程）的方法来实现，其主要特点是：

（1）具有常规模拟仪表的安装和操作方式，可与模拟仪表兼容。

（2）具有丰富的运算处理功能。

（3）一机多能，可简化系统工程，缩小控制室盘面尺寸。

（4）具有完整的自诊断功能，安全可靠性高。

（5）编程方便，无需计算机软件知识即可操作，便于推广。

（6）通信接口能与计算机联机，扩展性好。

Lb3F2005　按热工典型阶跃响应曲线的变化特点划分，热工对象可分为哪两大类？说明其变化特点。

答：热工对象可分为有自平衡能力对象和无自平衡能力对象两大类。

热工对象典型阶跃响应曲线的变化特点是一开始被调量并

不立即有显著变化，而在最后阶段，被调量可能达到一平衡值；也可能不断变化，而其变化速度趋近等于一数值。前者称为对象有自平衡能力，后者称为对象无自平衡能力。

Lb3F2006　试概要说明火电厂的计算机控制。

答：在火电厂运行生产过程中的各种参数经过传感器后，变成系统中统一电平的模拟量信号，再经过输入子系统，转换成计算机所需的数字量，由输入接口传送给计算机。计算机经过运算处理后，将判断的结果经过输出接口送到输出子系统，转换成与调节对象相匹配的模拟电信号以控制对象，这样的过程就是计算机控制。

Lb3F3007　试述分散控制系统的分散概念与模拟系统的分散概念有什么区别。

答：分散控制系统的分散概念是对集中型计算机控制系统而言的，即为了避免上位计算机（通常是小型计算机）结构的不安全而设计的多微机子系统（或基本控制系统）。它能在上位计算机故障时，独立完成控制功能。

模拟系统的分散概念是指模拟控制仪表采用功能分离的组件结构，分离的目的是组成各种不同功能的控制回路，分离（或分散）的组件不能独立完成控制功能。

Lb2F2008　试述单元机组滑压运行有什么特点。

答：单元机组的运行方式一般有定压运行和滑压运行两种形式。

滑压运行能改善汽轮机在变工况运行时的热应力和热变形，使机组启停时间缩短，减小节流损失，降低给水泵功率消耗，提高机组效率。对主蒸汽管道系统，由于压力降低，应力状态得到改善，因此可延长其使用寿命。

Lb2F3009　试述如何从测量、变送仪表角度提高调节系统的调节质量。

答：（1）要正确选择变送器的量程。

（2）减小测量误差。

1）减小测量元件与变送器间连线引起的附加误差。对于电阻温度计应采用三线制连接方式，对热电偶要正确选用补偿导线。

2）减小传输信号线路混入的噪声干扰，强电和弱电信号线分开，动力线与信号线分开，采用屏蔽线，合理接地等。

（3）合理选择测点位置。

1）用补偿方法克服测量元件的非线性误差，如热电偶、氧化锆检测元件都存在非线性误差，可用补偿法使其线性化。

2）减小测量滞后，可在变送器后串接一只微分器，或采用微分先行的调节器。

3）减小信号波动。

Lb2F3010　试述如何进行可编程调节器的组态编程工作。

答：可编程调节器只有在编好程序的情况下才能正常工作。编程的方法和步骤可根据制造厂的使用说明书进行，一般有以下一些共同点：

（1）根据生产现场的控制方案画出调节系统原理方框图。

（2）根据原理框图选择功能模块。

（3）对功能模块进行软连接（软件连接，不是硬件连接）。

（4）填写软件组态数据表或必要的程序。

（5）通过编程器，输入组态数据或程序并进行调试。调试好后再固化下来，以供现场使用。

Lb2F4011　试述直流锅炉有何特点，对调节有何影响。

答：直流锅炉没有汽包，没有下降管，水冷壁管采用小管径，制造简单，省钢材；直流锅炉可采用超临界压力参数运行，启停时间短，经济效益高。

直流锅炉也存在一些缺点：由于无汽包，对给水品质要求高；汽水管道阻力较汽包锅炉大，给水泵的压头高，耗电量大；从运行操作看，直流锅炉较汽包锅炉复杂，安全性要求更高。

直流锅炉与汽包锅炉在结构上的主要区别是汽水系统不同。直流锅炉的各段受热面之间没有明显的分界面，给水从省煤器到过热器产生蒸汽是连续不断进行的。它的给水调节、燃烧调节和汽温调节不是相对独立的，而是密切相关、相互影响的，即一个调节机构动作，可能影响到其他几个运行参数，因此给自动调节带来较大的困难，这就要求有较高的自动控制水平和相应的保护措施。

Lb2F5012　试述数字控制中的数据通信有哪些方式。其特点如何？

答：数字控制中的数据通信目前有 4 种主要方式：

（1）总线连接的通信方式。将 2 台计算机的总线用 1 个缓冲转换器直接相通，其特点是只能在同类、同系列的计算机之间进行，使用范围窄，通信距离很短（一般为 10m 左右）。

（2）调制/解调连接的通信方式。这种方式可使导线与任何相同通信速率的调制/解调设备相连，使用范围广，通信距离可达数千米，但通信速度不高（一般只有几千波特），信息传送量不能太大，适用于数据通信不频繁的场合。

（3）过程输入/输出装置连接的通信方式。这种方式的优点是程序处理较为简单；缺点是通信能力有限，传送速度低，传送距离也较短（约 500m 左右）。

（4）高速数据通道连接的通信方式。这种通信方式的传递速率高，传送距离较远，配线简单，通用性强，扩展容易，已被广泛采用。

Lc5F3013　试述为什么要维持除氧器水箱水位稳定。

答：除氧器的下部是除氧水箱，它是用来储存锅炉给水的。

水箱内的给水通过给水泵送到锅炉省煤器。维持除氧器水箱水位稳定，就是维持给水泵进口压力稳定，还有利于给水泵的安全运行（水位太低，可能使给水泵进口汽化），同时可保证除氧效果（水位太高可能淹没除氧头，影响除氧效果）。

当多台除氧器并列运行时，除氧器水箱之间均用水连通管接通，这对锅炉安全运行更为有利，但水箱之间容易造成水位波动，互相影响。因此，一般都要进行水位自动调节。

Lc3F1014　试述全面质量管理（TQM）与 ISO9000 标准有哪些不同点。

答：（1）TQM 强调广义质量，ISO9000 是仅与产品有关的质量。

（2）TQM 是以人为中心的质量管理，ISO9000 是以标准为基础的质量管理。

（3）TQM 追求超过用户期望，ISO9000 要求符合标准。

（4）TQM 重在信誉，ISO9000 重在证据。

（5）TQM 强调经营哲理，ISO9000 是固定的质量体系模式。

（6）TQM 注重激励创造性，ISO9000 要求遵守程序文件。

Lc3F2015　DKJ 执行器中的分相电容 CD 起什么作用？CD 损坏时，可能出现什么现象？

答：分相电容 CD 可以使与之串联的定子绕组上的交流电压与另一定子绕组上的交流电压产生 90°的相位差，从而形成一个合成的旋转磁场，产生启动力矩，使转子转动。其转动方向取决于分相电容串联在哪一个定子绕组上。所以分相电容 CD 的作用，一是产生启动力矩，二是改变旋转方向。

如 CD 断路，则合成旋转磁场无法产生，也就没有启动力矩，电动机就不会启动。

如 CD 短路，则电动机两绕组同时通入同相电流，电动机处于电气制动状态，不会转动。

Lc2F2016　试述全面质量管理的基本特点是什么。

答： 全面质量管理的基本特点是把以事后检验和把关为主转变为以预防和改进为主；把以就事论事、分散管理转变为以系统的观点进行全面的综合治理；把管结果转变为管因素。把影响质量的诸因素查出来，抓住主要矛盾，发动全员、全部门参加，依靠科学管理的理论、程序和方法，使生产、作业的全过程都处于受控状态，以达到保证和提高产品质量或服务质量的目的。

Lc2F2017　试述电力安全保证体系的主要任务。

答： 具体地说有以下三大任务：

（1）努力造就一支高素质的职工队伍。该队伍应具备高度的事业心，强烈的责任感，良好的安全意识，娴熟的业务技能，遵章守纪的优良品质和严肃认真、一丝不苟的工作作风。

（2）保持设备、设施的健康水平，充分利用现代科技成果改善和提高设备、设施的性能，最大限度地发挥现有设备、设施的潜力。

（3）不断加强安全生产管理，提高安全管理水平。

Lc2F2018　试述 DL 558—1994《电业生产事故调查规程》的主要内容及事故调查的主要程序。

答： 电力部制订 DL 558—1994《电业生产事故调查规程》的目的是通过对事故的调查分析和统计，总结经验教训，研究事故规律，落实反事故措施，促进电力生产全过程安全管理，并通过反馈事故信息，为提高规划、设计、施工安装、调试、运行和检修水平以及设备制造质量的可靠性提供依据，最终达到贯彻"安全第一、预防为主"的方针，坚持保人身、保设备、保电网原则的实现，切实保证电力安全生产，更好地为用户服务。

DL 558—1994 规定，调查分析事故必须实事求是，尊重科学，严肃认真，做到事故原因不清楚不放过，事故责任者和应受教育者没有受到教育不放过，没有采取防范措施不放过。安监人员应认真做好电力生产全过程的安全监督和监察，发供电生产中发生的事故，凡涉及电力规划、设计、制造、施工安装、调试和集中检修等有关环节企业和个人，均应通过事故调查和原因分析，追查其事故责任，同时应认真吸取教训，改进部门不足之处。DL 558—1994 对事故、障碍的认定，事故调查及统计报告，以及安全考核都作了可操作的条文规定。

Lc2F2019　试述热工仪表及控制装置的评级原则有哪些。

答：（1）热工仪表及控制装置应结合机组检修，与主设备同时进行定级。

（2）热工仪表及控制装置必须消除缺陷，并经验收评定后方可按标准升级。

（3）仪表测量系统各点校验误差不应大于系统综合误差，主蒸汽温度表、压力常用点的校验误差应小于系统综合误差的 1/2。

（4）热工自动调节设备的投入累计时间占主设备运行时间的 80%以上方可列入统计设备，热工自动保护设备应能随主设备同时投入运行。

（5）热工调节系统的调节质量应符合《试生产期及大修后热工仪表及控制装置考核指标》的要求。

Jd4F3020　如何区别电动执行器振荡和调节系统振荡？

答：对整个调节系统而言，电动执行器振荡属小回路振荡，调节系统振荡是大回路振荡，它们在现象和特征上是有区别的。

从现象看，执行器本身振荡时，调节阀不会停留在固定的位置上，而是上下波动，被调参数及调节器输出却无明显变化。调节系统振荡时，除执行器本身振荡外，调节器输出随被调量的波动而产生有一定规律的振荡。

从特征看，执行器振荡的频率较高，周期较短。调节系振荡的频率较低，周期较长，被调量、调节器输出及执行器的振荡频率基本相同。

Je5F2021　试述气动阀门定位器有哪些作用。

答：气动阀门定位器接受调节器的输出信号，并将信号放大后去控制气动执行器；同时它又接受阀杆位移量的负反馈作用。所以说，定位器和执行器组成了一个闭环回路，使执行器的性能大为改善。

定位器的主要作用如下：

（1）消除执行器薄膜和弹簧的不稳定性及各可动部分的干摩擦影响，提高了调节阀的精确度和可靠性，实现准确定位。

（2）增大执行器的输出功率，减小调节信号的传递滞后，加快阀杆移动速度。

（3）改变调节阀的流量特性。

Je5F3022　试述比例、积分、微分三种调节规律的作用各是什么，其调整原则是什么。

答：比例调节规律的作用是偏差一出现就能及时调节，但调节作用同偏差量是成比例的，调节终了会产生静态偏差（简称静差）。

积分调节规律的作用是只要有偏差，就有调节作用，直到偏差为零，因此它能消除静态偏差。但积分作用过强，又会使调节作用过强，引起被调参数超调，甚至产生振荡。

微分调节规律的作用是根据偏差的变化速度进行调节，因此能提前给出较大的调节作用，大大减小了系统的动态偏差量及调节过程时间。但微分作用过强，又会使调节作用过强，引起系统超调和振荡。

这三种调节规律的调整原则是：就每一种调节规律而言，在满足生产要求的情况下，比例作用应强一些，积分作用应强一些，微分作用也应强一些。当同时采用这三种调节规律时，三种调节作用都应当适当减弱，且微分时间一般取积分时间的 1/4～1/3。

Je5F3023 试述力平衡式、位置平衡式和电容式差压变送器的工作原理和特点。

答：力平衡式差压变送器的工作原理是：差压作用于测量元件，推动杠杆系统，带动位移检测元件改变输出电流，同时改变了反馈力，使杠杆系统达到新的平衡。这种变送器的特点是：有力的产生机构，结构复杂，零件较多，仪表不能做到小型化；由机械摩擦、疲劳变形、热膨胀等引起的误差不可避免；由于承受静压部分较多，因此静压误差也较大。

位置平衡式差压变送器的差压作用于检测元件，使之产生位移，压缩弹簧，而达到新的平衡。位移带动差动变压器铁芯产生差动电压，通过电子线路转换成电信号输出。其特点是无反馈作用。由于受弹性元件的精确度、疲劳、温度影响等限制，因此变送器的精确度、变差及稳定性都不可能达到较高要求。

电容式差压变送器的测量部分将被测差压经膜片转换为微位移，再把该微位移转变成电容量的变化，然后转换部分再将该电容值的变化转换成标准信号 4～20mA，特点是结构简单、体积小、质量轻，且精确度和可靠性高，精确度可达 0.2%。

Je5F3024 试述串级调节系统有哪些特点。火电厂有哪些系统常采用串级调节？

答：由两个调节器串联作用来使被调量恢复到等于给定值的系统，称为串级调节系统。它的特点是：

（1）系统中有两个或两个以上的调节器。

（2）系统中至少有两个调节回路，一个称为主回路（外回路），另一个称为副回路（内回路）。主回路中的调节器为主调节器，副回路中的调节器为副调节器。

（3）主回路一般是定值调节，且主调节器的输出作为副调节器的给定值，因此副回路是随动调节。

在火电厂中，常见的有水位串级调节系统，过热蒸汽温度调节系统，锅炉燃烧调节中主汽压力调节器与燃料调节器，单元机组采用汽轮机调速系统二次油压信号作为前馈信号的汽压串级调节系统，采用引风机出力调节的负压校正串级调节系统等。

Je5F3025 试述一个调节系统在试投时应进行哪些动态试验。

答：动态试验一般有调节阀门特性试验、调节对象飞升特性测试及扰动试验，前两项试验在试投前进行。试投时的扰动试验，主要是检验调节品质及进一步修改参数。

扰动试验的项目一般有：① 给定值扰动；② 内部扰动（调节量扰动）；③ 外部扰动（负荷扰动）。通过这几种扰动，观察和记录被调量的变化情况，根据超调量、过程时间、衰减率等来修改调节器的整定参数。

Je5F4026 试述阀位反馈电流正向接入伺服放大器会出现什么情况。

答：若阀位信号正向接入伺服放大器，就会形成正反馈。投入自动时，电动执行器要全开到大于 100%。如果这时调节器的输出也是正向接入伺服放大器，则电动执行器会很快全开到大于 100%；即使把调节器的输出反向接入伺服放大器，也不能改变这一现象。

上述现象一般出现在安装接线错误或大修后改线有误时，查明原因并改正后，便可很快恢复正常。

Je5F4027 试述汽轮机振动探头安装方法。

答：（1）先检查振动前置器电源是否符合设备厂家规定要求或者该系统 TSI 说明书要求。

（2）检查探头安装孔正常。

（3）将数字万用表接至前置器输出端（20V DC 挡）。

（4）把探头安装至安装孔内，将探头与延长电缆连接好。

（5）调整探头与轴的间隙，同时观察万用表读数，增大或减小探头与轴的间隙，将间隙电压调至设备厂家规定要求或者该系统 TSI 说明书要求，调整后将探头固定。

Je5F4028　试述 RB 的控制原理及主要控制对象。

答：RB 是当机组的主要辅机发生故障，而锅炉、汽轮机和发电机主设备正常时，控制系统自动对设备进行必要的隔离和启停处理，强制机组按要求的速率减负荷至尚在运行的辅机能承担的负荷，以稳定机组继续安全运行。

RB 的主要控制对象有：炉水泵（控制循环锅炉）、送风机、引风机、空气预热器、一次风机、磨煤机（直吹式制粉系统）、一台汽动给水泵跳闸而电动给水泵未能联动。

Je5F4029　简述进口 ROTORK IQ 系列执行机构的调试步骤。

答：首先确定执行机构的电源是否缺相，ROTORK 执行机构的调试可通过手操器完成。先将执行器选在就地位置，进入手操器的初级设定。在初级设定中可设定执行器的关阀方向、关阀方式、开阀方向、开阀方式、关阀力矩值、开阀力矩值、关阀限位、开阀限位，在设定开、关阀限时，应先将执行器通过手动轮打至全开、全关位置，然后进行设定。检查执行器的开关限位，可将执行器打到全开或全关位置，此时红灯或绿灯应点亮，然后朝相反的方向旋转一圈，此时相应的指示灯应灭。进行正确设定后方可进行电动操作。

Je5F4030　分析为什么串级调节系统的调节品质比单回路调节系统好。

答：串级调节与单回路调节相比，多了一个副调节回路。调节系统的主要干扰都包括在副调节回路中，因此副调节回路能及时发现并消除干扰对主调节参数的影响，提高调节品质。

串级调节中，主、副调节器总的放大系数（主、副调节器放大系数的乘积）可整定得比单回路调节系统大，因此提高了系统的响应速度和抗干扰能力，也就有利于改善调节品质。

串级调节系统中，副回路中的调节对象特性变化对整个系统的影响不大，如许多系统利用流量（或差压）围绕调节阀门或挡板组成副回路，可以克服调节机构的滞后和非线性的影响。而当主调节参数操作条件变化或负荷变化时，主调节器又能自动改变副调节器的给定值，提高了系统的适应能力。

因此，串级调节的品质要比单回路调节好。

Je5F4031　试述为什么送风调节系统中常采用氧量校正信号。

答：锅炉燃烧过程的重要任务之一是维持炉内过量空气稳定，以保证经济燃烧。炉内过量空气稳定，对燃煤锅炉来说，一般是通过保证一定的风煤比来实现的，这种情况只有在煤质稳定时，才能较好地保持炉内过剩空气稳定，而当煤质变化，就不能保持炉内过剩空气稳定，不能保持经济燃烧。

要随时保持经济燃烧，就必须经常检测炉内过剩空气系数或氧量，并根据氧量的多少来适当调整风量，以保持最佳风煤比，维持最佳的过剩空气系数或氧量。所以，送风调节系统常采用氧量校正信号。

值得注意的是，氧量信号也不是一个定值。根据锅炉的燃烧特点，在高负荷时，氧量要稍低一些，而低负荷时，氧量要稍高一些。因此，一个理想的氧量校正信号还必须用负荷进行修正，即根据负荷变化修正氧量的给定值。

Je4F2032　试分析有一台 20t/h 锅炉，用差压变送器和开方器作流量指示，当蒸汽流量为 2t/h 时，为何开方器没有输出？

答：首先要弄清孔板、差压变送器及开方器的输入/输出特性。

孔板的输入/输出特性为

$$q_m=0.5\Delta pK$$

式中　q_m——蒸汽流量；

　　　K——系数；

　　　Δp——孔板前后差压。

差压变送器的输入/输出特性为

$$I_0\infty\Delta p$$

式中　I_0——差压变送器输出电流。

由上两式可得

$$q_m=0.5KI_0$$

当 $I_0=0.1mA$ 时，$q_m\approx2.5t/h$。

开方器的输入/输出特性为

$$I_0=10I_i\times0.5$$

由于开方器的特性是输入电流越小，放大倍数越大，故仪表本身设计有小信号切除电路。

Je4F2033　为什么工业自动化仪表多采用直流信号？

答：工业自动化仪表的输入/输出信号多采用直流信号，其优点有：

（1）在仪表的信号传输过程中，直流信号不受交流感应的影响，容易解决仪表抗干扰的问题。

（2）直流信号不受传输线路电感、电容的影响，不存在相位移问题，因而接线简单。

（3）直流信号便于模/数和数/模转换，因而仪表便于同数据处理设备、电子计算机等连接。

（4）直流信号容易获得基准电压，如调节器的给定值等。

Je4F2034　气动执行机构有何特点？

答：气动执行机构的特点有：

（1）接受连续的气信号，输出直线位移（加电/气转换装置后，也可以接受连续的电信号），有的配上摇臂后，可输出角位移。

（2）有正、反作用功能。

（3）移动速度大，但负载增加时速度会变慢。

（4）输出力与操作压力有关。

（5）可靠性高，但气源中断后阀门不能保持（加保位阀后可以保持）。

（6）不便实现分段控制和程序控制。

（7）检修维护简单，对环境的适应性好。

（8）输出功率较大。

（9）具有防爆功能。

Je4F2035　为什么把气动仪表信号压力的下限定为0.02MPa?

答：作为气动仪表最基本的控制元件——喷嘴挡板机构，其特性曲线在输出压力接近最小和最大时的线性度很差，所以只能选取中间线性度较好的一段作为工作段，才能保证仪表的精确度，这一段的下限一般就是 0.02MPa。此外，气动仪表所用的弹性元件很多，如膜片、膜盒、波纹管、弹簧等，它们都具有一定的刚度，起动点都有一定的死区。气动执行器的死区则更大一些。为了提高气动仪表的灵敏度，也需要将信号压力的下限定得高于零。所以就将整个气动仪表信号压力的下限定为 0.02MPa。

Je4F3036　汽包锅炉所有汽包水位计损坏时为什么要紧急停炉?

答：汽包水位计是运行人员监视锅炉正常运行的重要工具。当所有水位计都损坏时，水位的变化失去监视，正常水位的调整失去依据。由于高温高压锅炉的汽包内储水量有限，机组负荷和汽水损耗在随时变化，失去对水位的监视，就无法控制给水量。当锅炉在额定负荷下，给水量大于或小于正常给水量的10％时，一般锅炉几分钟就会造成严重满水或缺水。所以，当所有水位计损坏时，为了避免对机炉设备的损坏，应立即停炉。

Je4F3037　对气动仪表的气源有哪些要求？

答：对气动仪表气源的要求有以下几点。

（1）气源应能满足气动仪表及执行机构要求的压力。一般气动仪表为 0.14MPa，气动活塞式执行机构为 0.4～0.5MPa。

（2）由于气动仪表比较精密，其中喷嘴和节流孔较多，且它们的通径又较小，所以对气源的纯度要求较高。这主要应注意以下几个方面：

1）固态杂质。大气中灰尘或管道中的锈垢，其颗粒直径一般不得大于 20μm；对于射流元件，该直径不得大于 5μm。

2）油。油来自空气压缩机气缸的润滑油，所以应该用无油空气压缩机。若使用有油的空气压缩机，其空气中的含油量不得大于 15mg/m³。

3）腐蚀性气体。空气压缩机吸入的空气中不得含有 SO_2、H_2S、HCl、NH_4、Cl_2 等腐蚀性气体，如不能避开，应先经洗气预处理装置将吸入空气进行预处理。

4）水分。必须严格限制气源湿度，以防在供气管道及仪表气路内结露或结冰。一般可将气源的压力露点控制在比环境最低温度还低 5～10℃的范围内。

（3）发电厂生产是连续的，所以气源也不能中断。在空气压缩机突然停运后，必须依靠储气罐提供气源。将设备投资、安装场地以及空气压缩机重新启动的时间等因素综合考虑，一般储气罐可按供气来设计。

Je4F3038　燃烧调节系统中的主压力调节器和微分器各起什么作用？

答：对于单元制锅炉，主压力调节器主要是控制汽轮机的进汽压力。当外部负荷变化时，汽轮机主汽阀前进汽压力变化，主压力调节器发出增减燃料量和风量信号，以适应外部负荷的要求。微分器也是用于反应汽包压力的变化，以消除来自燃料侧的内部扰动，起超前调节作用。在外扰时，汽包压力变化方向与汽轮机进汽压力变化方向一致，起加强调节作用，有利于改善在外扰下的汽轮机。

Je4F3039　旁路系统在大型再热式机组中起什么作用？

答：旁路系统在大型再热式机组中起如下作用：

（1）回收工质（凝结水）和缩短机组启动时间，从而可以大大节省机组启动过程中的燃油消耗量。

（2）调节新蒸汽压力和协调机、炉工况，以满足机组负荷变化的有关要求，并可实现机组滑压运行。

（3）保护锅炉不致超压，保护再热器不致因干烧而损坏。

（4）同时能实现在 FCB 时，停机不停炉。

Je4F3040　试述协调控制方式在单元机组中的作用。

答：协调控制是单元机组负荷控制的一种比较好的方案，它利用汽轮机和锅炉协调动作来完成机组功率控制的任务，是一种以前馈—反馈控制为基础的控制方式。

在机组适应电网负荷变化过程中，协调控制允许汽压有一定波动，以充分利用锅炉的蓄热，满足外界的负荷要求。同时在过程控制中，又能利用负的压力偏差适当地限制汽轮机调节汽门的动作，确保汽压的波动在允许范围内。

另外，由于锅炉调器接受功率偏差前馈信号，能迅速改变燃料量，使机组功率较快达到功率给定值。

Je4F3041　影响蒸汽温度变化的因素有哪些？

答：从自动调节的角度看，影响蒸汽温度（被调节参数）变化的有外扰和内扰两大类因素。

外扰是调节系统闭合回路之外的扰动，主要有：蒸汽流量（负荷）变化；炉膛燃烧时，炉膛热负荷变化，火焰中心变化，烟气量及烟气温度变化（主要是送风量和引风量变化，或炉膛负压变化）；制粉系统的三次风送入炉膛，在启停制粉系统时要影响蒸汽温度变化；当过热器管壁积灰或结焦时，影响传热效果，也要影响蒸汽温度变化。

内扰是调节系统闭合回路内的扰动，主要有减温水量变化（给水压力变化、启停给水泵等）、给水温度变化（影响减温效果）等。

Je4F3042　试述与模拟调节相比，数字调节系统有什么特点。

答：数字调节应用了微处理机等先进技术，它具有信息存储、逻辑判断、精确、快速计算等特点。具体讲，有以下几点：

（1）从速度和精确度来看，模拟调节达不到的调节质量，数字调节系统比较容易达到。

（2）由于数字调节具有分时操作的功能，所以一台数字调节器可以代替多台模拟调节器，如现在生产的多回路数字调节器、多回路工业控制机等。

（3）数字调节系统具有记忆和判断功能，在环境和生产过程的参数变化时，能及时作出判断，选择最合理、最有利的方案和对策，这是模拟调节做不到的。

（4）在某些生产过程中，对象的纯滞后时间很长，采用模拟调节效果不好，而采用数字调节则可以避开纯滞后的影响，取得较好的调节质量。

（5）对某些参数间相互干扰（或称耦合较紧密），被调量不易直接测试，需要用计算才能得出间接指标的对象，只有采用数字调节才能满足生产过程的要求。

Je4F3043 采用计算机控制的闭环系统为什么要有阀位反馈信号？

答：阀位信号最能反映计算机控制系统的输出及其动作情况，而计算机的输出与阀位有时又不完全相同（在手操位置时）。把阀位信号反馈到计算机，形成一个小的闭环回路，其主要用途有：

（1）作为计算机控制系统的跟踪信号。计算机控制系统与一般的调节系统一样，都有手动操作作为后备。由手动操作切向计算机控制时，阀位和计算机输出不一定相同，为了减小切换时的干扰，必须使计算机输出跟踪阀位，所以要有阀位反馈信号。

（2）作为计算机控制系统的保护信号。计算机控制系统的优点之一是逻辑功能强。引入阀位反馈信号，可以根据阀位设置上下限幅报警，以监视计算机的输出；阀位与计算机输出的偏差报警，以监视阀位回路或计算机输出；根据阀位，作为程控切换的依据等保护功能。

Je4F3044 比例积分调节器和比例微分调节器各有何特点？

答：比例积分调节器能消除调节系统的偏差，实现无差调节。但从频率特性分析，它提供给调节系统的相角是滞后角（$-90°$），因此使回路的操作周期（两次调节之间的时间间隔）增长，降低了调节系统的响应速度。

比例微分调节器的作用则相反。从频率特性分析，它提供给调节系统的相角是超前角（$90°$），因此能缩短回路的操作周期，增加调节系统的响应速度。

综合比例积分和比例微分调节的特点，可以构成比例积分微分调节器具（PID）。它是一种比较理想的工业调节器，既能及时地调节，以能实现无差调节，又对滞后及惯性较大的调节对象（如温度）具有较好的调节质量。

Je4F3045　串级调节系统有哪些特点？

答： 串级调节系统有如下特点：

（1）串级调节系统可以等效为单回路调节系统，而串级调节系统的副回路成为等效调节对象的一部分，因此串级调节系统被看成是改善了调节对象动态特性的单回路调节系统。

（2）由于副回路的存在，调节系统的工作频率有了较大的提高。

（3）提高了对于进入副回路干扰的抑制能力。

（4）由于副回路是一个快速随动系统，使串级调节系统具有一定的适应能力。

Je4F3046　怎样调整电信号气动长行程执行机构的零点和量程？

答： 在调整零点及量程前，应先调整滑阀的阀杆位置。在气缸上下部分各接一块压力表，卸下小滑阀的两个输出管。调整大滑阀上下螺栓，使气缸活塞两端的压力大致相等。装回小滑阀的两个输出管。调方向接头，改变小滑阀的阀杆位置，仍使气缸活塞两端压力相等。

输入信号电流为 4mA 时，调整调零弹簧，使活塞停止在动作动点（正作用机构活塞起始位置在全行程的最低点，反作用机构则在最高点）。

当输入电流为 4～20mA 时，活塞应走完全行程达到终点。如行程与输入电流不符，则应调节反馈弹簧在反馈弧形杠杆上的位置，以改变系统的放大系数。当信号满值而行反之，应增大反馈量。

以上各项调整步骤间互有影响，因此要反复进行多次，以使各项指标均达到合格。

Je4F3047　在现场整定调节器参数时应注意哪些问题？

答： 整定调节器参数是一项十分细致的工作，既要知道调节器参数对生产过程的影响，又要经常观察生产过程运行情况，做到不影响生产，又要把调节器参数整定好。一般应注意以下几个问题：

（1）用各种方法得到的整定参数值都是一个范围，一定要根据生产实际情况进行现场修改。

（2）整定调节器参数最好在生产过程工况比较稳定时进行，除了适当地人为给予扰动外，最好通过较长期地观察生产过程自然的扰动来修改调节器参数。

（3）人为施加扰动，一般有内扰、外扰和给定值扰动三种。给定值扰动对生产过程影响较大，一定要控制好其扰动量，内扰和外扰时也要注意扰动量大小。施加一次扰动后，一定要等待一段时间，观察被调参数的变化情况，在未弄清情况时，不要急于加第二次扰动。

（4）对于 PID 调节器，要考虑参数间的相互干扰。按整定方法得到的调节器参数值不是调节器参数的实际刻度值，要用调节器相互干扰系数加以修正后才是实际刻度值。

（5）整定参数时，要考虑调节对象和调节机构的非线性因素。若非线性严重，整定参数要设置得保守一些。

（6）整定时，要考虑生产过程的运行工况。一般讲，调节器参数的适应范围是经常运行的工况。若运行工况变化很大时，调节器参数就不适应了。这不是调节器参数未整定好，而是参数适应范围有限，要解决这一问题需采用自适应控制。

Je4F3048　差压变送器在测量不同介质的差压时，应注意哪些问题？

答：（1）测量蒸汽流量时，一般应装冷凝器，以保证导压管中充满凝结水并具有恒定和相等的液柱高度。

（2）测量水流量时，一般可不装冷凝器。但当水温超过150℃且差压变送器内敏感元件位移量较大时，为减小差压变化时正、负压管内因水温不同造成的附加误差，仍应装设冷凝器。

（3）测量黏性或具有腐蚀性的介质流量时，应在一次门后加装隔离容器。

（4）测量带隔离容器、介质和煤气系统的流量时，不应装设排污门。

Je4F4049　某厂锅炉房的除氧器蒸汽压力调节系统，由于调节器参数整定得不合适（$\delta = 90\%$，$T=6s$），系统始终无法稳定，后来把调节比例度及积分时间作了调整（即δ=150%，T=80s），即得到了较理想的调节曲线。请问为什么？

答：由于压力调节系统时间常数较短，系统比较灵敏，调节器积分作用（T=6s）太强，加上比例度（δ=90%）偏小，故造成调节过程过于灵敏，系统不稳定。当把调节器的比例度加大到δ=150%后调节器的增益就减少了，并且把积分时间加大到 T=80s，这样就大大削弱了积分作用，故调节系统的调节质量会有很大的改善，因而能得到较理想的调节曲线。

Je4F4050　在构成调节系统时，如何让调节器参数随调节对象动态特性变化而变化？

答：工业生产过程中的调节对象动态特性是经常变化的，特别是工况变化和负荷变化较大时。调节对象动态特性变化较大，原来设置的调节器参数就不再适应，需要重新设置。为了解决这一问题，在设计调节系统时可以使调节器参数自动修改，以适应调节对象动态特性的变化，这就是自适应调节系统。

实现自适应调节有很多方法，如参考模型法、按照负荷预先设置整定参数法、降低调节对象参数变化影响的被动型自适应法、外加试验信号法及自辨识等。在火电厂中，负荷是经常变化的因素，负荷变化就会引起调节对象动态特性的变化。为此，可事先求出几种不同负荷下的调节对象动态特性，然后按照经验法或其他整定计算方法，求出这几种调节对象动态特性所对应的整定参数。这种方法常用于直接数字调节系统，系统除了采样读入被调参数外，还要采样读入负荷变量，调节模型参数，并根据负荷变化量计算新的整定参数，以适应调节对象动态特性的变化。

Je4F4051 锅炉燃烧自动调节的任务有哪些？

答：锅炉燃烧过程自动调节与燃料种类、制粉系统设备、燃烧设备及运行方式有密切关系。

（1）对大多数燃煤且有中间储仓的锅炉，其燃烧自动调节的任务如下。

1）在外部负荷变化时，由主调节器指挥各台锅炉及时调节燃料量，共同维持压力在给定值，并按预定的比例（经济负荷）分配各台锅炉的负荷。

2）根据外部负荷变化（或燃料量变化），使送用量同燃料量保持恰当比例，或使烟气含氧量为最佳值，以保证锅炉经济燃烧。

3）在送风量变化的同时，自动调节引风量，以维持炉膛负压在给定值，保证锅炉安全经济运行。

（2）对大多数单元制运行锅炉，其燃烧调节方式可能有三种，即炉跟机方式、机跟炉方式和机炉协调方式。

Je4F4052 汽包水位动态特性有何特点？

答：汽包水位动态特性有以下三个特点：

（1）具有延时。给水量改变后，水位并不立即改变。延时时间 τ 与省煤器的形式和给水温度有关：非沸腾式省煤器延时时间 τ 较小，沸腾式省煤器延时时间 τ 较大；给水温度越低，延时时间 τ 越大。

（2）具有"虚假水位"现象。负荷增加时，蒸发量大于给水量，但水位不是下降反而迅速上升；负荷突然减少时，蒸发量小于给水量，水位不是上升而是先下降，然后再迅速上升。

虚假水位的变化情况与锅炉的特性有关，与负荷变化的形式和速度有关。在锅炉发生 MFT，以及在汽轮机甩负荷时，虚假水位现象特别严重。

（3）水位对象无自平衡能力（自平衡系数 $\rho = 0$）。单位阶跃扰动下，水位的最大变化速度 ε 与锅炉的结构和容量有关，机组容量越大，ε 越大，水位变化快，更难控制。

Je4F4053　直流锅炉自动调节的任务有哪些？

答：直流锅炉在结构上与汽包锅炉有很大差别，但其自动调节的任务基本相同，即保证机组安全经济运行。具体有以下几类：

（1）维持锅炉出口主蒸汽压力和温度等参数为额定值。

（2）使机组满足外界负荷要求。

（3）使机组在最高效率下运行。

（4）维持炉膛负压稳定。

直流锅炉由于各段受热面之间没有明显的分界面，除了维持锅炉出口蒸汽参数外，还需要维持各中间点的温度和湿度稳定，这是直流锅炉不同于汽包锅炉的特殊任务。只有维持中间点温度稳定，才能使出口蒸汽温度稳定，同时有利于金属管道的安全运行。维持中间点湿度稳定，才能使直流锅炉的过渡区（即蒸发段）稳定，有利于锅炉的安全运行。

Je3F2054　试述气动仪表中阻容环节的作用。

答：气动仪表中的阻容环节，为气阻与气容的组合。气阻相当于电子线路中的电阻，在气动管路中作为节流元件，起阻碍气体流动的作用。气容为具有一定容量的气室，相当于电子线路中的电容。

气动阻容环节相当于电子线路中的 RC 环节，通常作为仪表的反馈环节，以获得比例、积分、微分等调节规律及其他运算规律。

Je3F2055　试分析 PI 调节器积分时间对调节过程的影响。

答：由于积分调节作用的存在，能使被调量的静态偏差为零。

减小积分时间 T_i 可减小调节过程中被调量的动态偏差，但会增加调节过程的振荡。反之，增大积分时间 T_i 可减小调节过程的振荡，但会增加被调量的动态偏差。

Je3F2056　什么是调节系统的衰减曲线整定法？什么叫稳定边界整定法？

答：(1) 将系统看作纯比例作用下的一个闭合自动调节系统，如果逐步减小调节器的比例带，当出现 4:1 的衰减过程时，确定 4:1 衰减比例带 δ_s 和 4:1 衰减操作周期 T_s，然后按照经验公式计算出各个具体参数，称为衰减曲线整定法。

(2) 按纯比例调节作用，先求出衰减比为 1:1（稳定边界）的比例带和周期，再按经验公式求其他参数称为稳定边界整定法。

Je3F2057　气动活塞式执行机构振荡的原因是什么？应如何处理？

答：气动活塞式执行机构振荡的主要原因是执行机构输出力量不够。另外，执行机构的刚度太小及执行器周围有振动设备，也会引起执行机构和调节阀的振荡。

执行机构输出力不够是由于气缸压力不足引起的。对于配双喷嘴挡板、双功率放大器、定位器的活塞式执行机构，可能是气源压力不足或放大器节流孔堵塞引起的。对于配滑阀定位器的活塞式执行机构，则可能是气源压力降低引起的。查找气源压力降低的原因及疏通节流孔时，应将执行机构与调节阀分离，改为手轮操作。处理完毕后，再恢复原状。

Je3F3058　为什么要求汽轮机调速系统在机组突然甩去全负荷时，应保证不使危急保安器动作？

答：机组突然甩去负荷时，汽轮机转速将迅速上升，这是调速系统遇到的最大调节任务，此时调节系统应能将汽轮机转速保持在危急保安器动作数值以下。否则将引起危急保安器动作，使汽轮机停机或转速下降，增加重新并网前的操作，延长事故处理时间甚至导致事故扩大。更危险的情况是万一危急保安器不动作，可能引起飞车事故。

Je3F3059 试述对执行机构的检修和安装有哪些技术要求。

答：一般有以下技术要求：

（1）执行机构的机械部分动作应灵活，无松动及卡涩现象。

（2）执行机构的电气绝缘应合格，通电试转应动作平稳，开度指示无跳动现象。

（3）对气动执行机构应进行严密性试验及有关保护试验（如带三断保护的气动执行器），并应符合有关规定。

（4）执行机构应有明显的开、关方向标志。其手轮操作方向应一致，一般规定顺时针为"关"，逆时针为"开"。

Je3F3060 给水泵的最小流量控制系统有何特点？

答：给水泵的最小流量控制系统有以下特点：

（1）用一次测量元件和流量变送器对各个给水泵的入口流量进行测量，通过各个泵的再循环阀将泵出口的部分给水流回除氧器，以保证通过给水泵的流量高于设计的最小流量。

（2）对变转速的汽动给水泵和电动给水泵，其最小流量调节的设定值是给水泵差压或给水泵转速的函数。

（3）再循环调节阀有瞬间提升阀门10%～30%（可调）开度的特性，可以尽量减少阀芯与阀座的损坏。而当再循环调节阀的开度降至10%时，瞬间关闭再循环调节阀以保护阀门。

（4）再循环调节阀配有电磁控制阀，在低流量或运行人员干预时，可全开再循环调节阀。

（5）在入口流量过低时，给水泵跳闸。

Je3F3061　汽轮机调速系统晃动的原因有哪些？怎样消除？

答：（1）调速系统晃动的原因大致如下。① 调速系统迟缓率大；② 调节汽门重叠度大；③ 错油门重叠度大；④ 油压晃动；⑤ 电网频率波动；⑥ 调速器转动轴弯曲；⑦ 调速系统静态特性曲线不合格。

（2）消除调速系统晃动的办法如下。① 使调速系统静态特性曲线合乎要求；② 稳定油压；③ 扩大电力网，增加电网稳定装置；④ 定期检查及清洗调速系统；⑤ 调整调速汽阀及错油门的重叠度。

Je3F3062　汽轮机启动时为什么要限制上、下缸的温差？

答：汽轮机上、下汽缸存在温差，将引起汽缸的变形。上、下缸温度通常是上缸高于下缸，因而上缸变形大于下缸，引起汽缸向上拱起，发生热翘曲变形，俗称猫拱背。汽缸的这种变形使下缸底部径向动静间隙减小甚至消失，造成动静部分摩擦，尤其当转子存在热弯曲时，动静部分摩擦的危险更大。

上下缸温差是监视和控制汽缸热翘曲变形的指标。大型汽轮机高压转子一般是整锻的，轴封部分在轴体上车旋加工而成，一旦发生摩擦就会引起大轴弯曲发生振动，如不及时处理，可能引起永久变形。汽缸上下温差过大常是造成大轴弯曲的初始原因，因此汽轮机启动时一定要限制上下缸的温差。

Je3F3063　试述在操作带三断保护的电信号长行程执行机构时，要注意什么问题。

答：电信号气动长行程执行机构一般都带有三断保护功能，即断电源、断信号、断气源保护。

当输入信号小于 4mA 时，断信号保护起作用，气动执行机构自动保位（保持其开度不变）。由于气动执行机构从全开到全关需要一定时间，从位置反馈送来的阀位信号总是落后于操作器的输出信号，因此操作时要缓慢进行（特别是向减小方向

212

操作时），否则可能造成操作信号小于 4mA，使执行机构自动保位。

Je3F4064　试述一个调节系统投入自动时，运行人员反映有时好用，有时又不好用，是什么原因。

答： 出现这种情况的主要原因是：调节器的参数设置不当；运行工况变化较大；阀门特性变化以及运行操作人员投自动时处理不当。

调节器的整定参数直接影响调节系统的调节质量，参数设置不当，调节质量会变差，甚至无法满足生产的要求。

调节系统参数一般按正常工况设置，适应范围有限，当工况变化较大时，调节对象特性变化也较大，原有的整定参数就不能适应，调节质量变差，所以运行人员反映自动不好用，这是正常的。要解决这一问题，需要增加调节器的自适应功能。阀门特性变化相当于调节对象特性（包括阀门在内的广义调节对象特性）变化，原有的整定参数也就不能适应，影响了调节质量。

运行人员投自动时，一般不太注意系统的偏差（特别是无偏差表的调节器或操作器），尽管系统设计有跟踪，切换时是无扰的，但如果投入时偏差较大，调节器输出就变化较大（相当于给定值扰动），阀位也变化较大，造成不安全的感觉。有时虽然注意了偏差，觉得偏差较大，又调整给定值去接近测量值，使偏差减小。这实际上又是一个较大的定值扰动，使阀位变化较大，又造成不安全感觉。正确的做法是投自动时应在偏差较小的情况下进行，投入自动后不要随意改变给定值（给定值是生产工艺确定的），即使要改变，变化量也不要太大。

Je3F4065　汽轮机甩负荷后转速飞升过高的原因是什么？

答： 汽轮机甩负荷后，转速飞升过高的原因通常有以下几个方面：

（1）调节汽门不能正常关闭或漏汽量过大。

（2）调速系统迟缓率过大或部件卡涩。

（3）调速系统不等率过大。

（4）调速系统动态特性不良。

（5）调速系统调试整定不当。

Je3F4066　试述热工报警应包括的主要内容。

答： 热工报警应包括的主要内容有：

（1）工艺系统热工参数偏离正常运行范围。

（2）热工保护动作及主要辅助设备故障。

（3）热工监控系统故障。

（4）热工电源、气源故障。

（5）主要电气设备故障。

（6）辅助系统故障。

Je2F1067　为什么压力、流量的调节一般不采用微分规律？而温度、成分的调节却多采用微分规律？

答： 压力、流量等被调参数，其对象调节通道的时间常数 T_0 较小，稍有干扰，参数变化就较快。如果采用微分规律，容易引起调节系统的振荡，对调节质量影响较大。如果 T_0 很小，采用负微分可以收到较好的效果。

温度、成分等被调参数，其测量通道和调节通道的时间常数都较大，即使有一点干扰，参数变化也较缓慢，因此可以采用微分规律。采用微分和超前作用，可以克服被调参数的惯性，改善调节质量。

Je2F2068　试述对汽轮机的调速系统应有何要求。

答： 调速系统应满足下列要求：

（1）当主汽阀全开时，调速系统应能维持汽轮机空负荷运行。

（2）当汽轮机由满负荷突然甩负荷时，调速系统应能维持汽轮机的转速在危急保安器的动作转速以下。

（3）主汽阀和调速汽阀阀杆、错油门、油动机，以及调速系统连杆上的各活动连接装置应没有卡涩和松动现象，当负荷改变时，调节汽门应均匀而平稳地移动，当系统负荷稳定时，负荷不应晃动。

（4）当危急保安器动作时，应保证主汽阀关闭严密。

Je2F2069　如何判断煤粉燃烧过程的风量调节为最佳状态？

答：一般通过以下几方面进行判断：

（1）烟气的含氧量在规定的范围内。

（2）炉膛燃烧正常稳定，具有金黄色的光亮火焰，并均匀地充满炉膛。烟囱烟色呈淡灰色。

（3）蒸汽参数稳定，两侧烟温差小。

（4）有较高的燃烧效率。

Je2F2070　试述怎样选择调节系统中变送器的量程？

答：调节系统中变送器量程的选择直接影响系统的控制精确度。例如，对主蒸汽温度调节系统，温度变送器测量范围选择 0～500℃（量程500℃）和400～500℃（量程100℃）的效果差别就很大，后者的灵敏度可提高5倍，相应的控制精确度也大大提高。量程的选择，要考虑到测量元件和变送器的滞后，也要考虑调节对象和执行机构的特性，以及系统所要求的控制精确度。

Je2F2071　试述虚假水位现象是怎样形成的。

答：水位调节对象在蒸汽流量扰动下存在虚假水位现象。这是由于蒸汽流量（负荷）变化时，汽包压力发生变化，汽包内水下汽泡容积变化引起的。若蒸汽流量突然增加，汽包压力下降，水下的汽泡容积要增加，汽泡体积膨胀而使水位呈现上升趋势。当压力维持稳定以后（锅炉燃烧产生的蒸汽量等于汽轮机的用汽量），水位又开始下降（若给水量不增加，水位将一直下降），反映物质不平衡关系。因此是由于压力降低，水下的汽泡容积增加而造成的虚假水位现象。

Je2F2072 试述测量汽包水位的差压变送器的现场调零或冲管后，能否立即投入自动调节。

答：（1）下列操作情况下不能立即投入自动调节。

1）差压变送器调零时，一般都关掉正、负压门，开启平衡门。在操作过程中，有可能泄掉平衡容器正压侧的液柱，使差压减小，如果立即投入自动调节，会产生较大扰动，使给水调节阀大幅度变化。

2）差压变送器冲管后，平衡容器正压侧的液柱很快被泄掉，差压减小，如果立即投入自动调节，也会产生较大扰动，使给水调节阀大幅度变化。此时应等平衡容器内的蒸汽凝结，正压侧保持正常的液柱高度后方能投入自动调节。

（2）在下列调零操作情况下可立即投入。关掉仪表阀的正压门，开启平衡门和负压门，进行调零。因这样操作平衡容器中的正压侧液柱不会被泄漏，所以操作后不会对自动投入产生影响。

Je2F3073 试述影响汽包水位变化的因素有哪些。

答：汽包水位是反映锅炉汽包流入量（给水流量）与流出量（蒸汽流量）是否平衡的一个指标。因此，影响汽包水位变化的主要因素也是给水流量和蒸汽流量。

蒸汽流量（外界负荷）是经常变化的，是不受给水系统控制的流出量；而给水流量也是经常变化的，但由人工或自动调节来控制，以适应蒸汽流量变化的流入量，是一个调节手段。

给水压力变化（如给水泵启停、运行方式改变）也会影响给水流量，同时，给水温度变化（给水温度低于汽包内炉水温度）也会影响水位调节对象特性的滞后时间，影响汽包水位。另外，汽包压力变化时，水位亦会变化。

Je2F3074　试述投入调节系统的一般步骤。

答：投入调节系统前必须充分做好准备工作，记录主参数、调节器输出、阀位信号、介质流量及主要扰动参数。

（1）将调节器参数设置得比较保守一些，即比例带大一些，积分时间大一些，微分时间小一些。

（2）在生产过程参数比较稳定的情况下（若偏离给定值较多，可以进行手动操作），即主参数、阀位、介质流量、干扰等都比较稳定的情况下，将手动操作切到自动调节。

（3）投入自动后，要观察调节器输出、阀位、介质流量、主参数的变化情况。一般情况下，由于参数设置保守，不会有大的动作，若投入自动后变化很大，应立即切除并进行检查。

Je2F3075　试述如何根据调节对象特性选择调节器的调节规律。

答：典型的工业调节对象特性有纯滞后、积分、一阶惯性、纯滞后加积分、纯滞后加一阶惯性等。

（1）纯滞后调节对象可选用比例调节器、积分调节器和比例积分调节器。

（2）积分调节对象可选用比例调节器。此时，系统总的滞后角为-90°，系统不会发生振荡，可以设置较小的比例带。应避免选用积分调节器，因采用积分调节器后，系统总的滞后角为-180°，系统不稳定。积分调节对象可以选用比例积分调节器，但应避免用较小的积分时间。

（3）一阶惯性调节对象可选用比例调节器和比例积分调节器。

（4）纯滞后加积分调节对象，可选用比例调节器和比例积分调节器。

（5）纯滞后加一阶惯性调节对象可选用比例调节器、比例积分调节器、比例微分调节器和比例积分微分调节器。

上述原则主要是从系统稳定性的角度考虑的，此外还要考虑此调节规律应满足工艺过程要求及经济性的要求。

Je2F3076　试述阀门定位器在调节阀控制中起什么作用。

答：阀门定位器一般有以下几方面作用：

（1）用于对调节质量要求高的重要调节系统，以提高调节阀的定位精确性及可靠性。

（2）用于阀门两端压差大（$\Delta p > 1\text{MPa}$）的场合。通过提高气源压力增大执行机构的输出力，以克服流体对阀芯产生的不平衡力，减小行程误差。

（3）当被调介质为高温、高压、低温、有毒、易燃、易爆时，为了防止对外泄漏，往往将填料压得很紧，因此阀杆与填料间的摩擦力较大，此时用定位器可克服时滞。

（4）被调介质为黏性流体或含有固体悬浮物时，用定位器可以克服介质对阀杆移动的阻力。

（5）用于大口径（$D_m > 100\text{mm}$）的调节阀，以增大执行机构的输出推力。

（6）用来改善调节阀的流量特性。

Je2F3077　试述数字调节阀有何特点。

答：与模拟调节阀相比，数字调节阀具有以下特点：

（1）分辨率高。如8位数字调节阀，其分辨率为1/256（约为0.4%）。

（2）精确度高。精确度可达±0.15%，在小流量时，更显出其优越性。

（3）反应速度快。用电磁线圈直接驱动时，反应时间为25ms；用气源驱动时，反应时间为50～100ms。

（4）线性好。

（5）没有滞后，再现性好。

（6）跟踪特性好。

（7）可与计算机直接连接。

（8）关闭特性好。

Je2F3078　汽轮机常用的调节方式有几种？各有什么特点？

答：汽轮机常用的调节方式有三种，分别是喷嘴调节、节流调节和滑压调节。喷嘴调节的特点是部分负荷时效率较高，但全负荷时效率并非最高，且变工况时高压部件（调节级后）温度变化较大，易在部件中产生较大热应力，负荷适应性较差。节流调节部分负荷下效率较低，但变工况时各级温度变化较平稳。滑压调节无节流损失，故汽轮机内效率最高，但由于低负荷下理想焓降大大减小，使循环效率下降，所以机组经济性不一定好。滑压调节变工况时各级温度变化最小。这是其突出的优点。

Je2F3079　试述什么叫系统的过渡过程。了解过渡过程有何意义？过渡过程与被调参数记录曲线是否相同？

答：自动调节系统受到干扰（内扰、外扰和给定值扰动）作用后，在调节器的控制下，被调参数随时间变化的过程称为系统的过渡过程（或调节过程）。

了解调节系统的过渡过程，可以知道调器在不同参数下的调节效果，对设计、研究、整定和改进调节系统都具有重要意义。

过渡过程是调节器在阶跃扰动下被调参数的变化曲线，是短期的记录曲线，也是一种典型的曲线。而一般的被调参数记录曲线是一种长期记录曲线，可能没有扰动，也可能是各种形式扰动（脉冲、阶跃、周期性干扰等）作用的结果，或几种扰动叠加的结果，不具有典型性，但可以供分析、整定调节系统时参考。

Je2F3080　试述什么叫燃烧调节系统的单交叉控制和双交叉控制。

答：燃烧自动调节系统包括热负荷、送风、引风三个调节回路。其中，燃料量和送风量的比例是影响燃烧经济性的主要因素。为了防止不完全燃烧，保证动态过程中风量始终有一定裕量，就需要采用单交叉控制（或称选择性控制），以实现加负荷时先加风后加煤，减负荷时先减煤后减风。

单交叉控制只有风对煤的限制，没有煤对风的限制，即可以保证风量始终有一定富裕量，但不能排除风量过大可能造成的热损失。双交叉控制，即在风量调节回路中再增加一个小值选择器，煤量回路中再增加一个大值选择器及必要的运算组件，以实现加负荷时先加风后加煤，减负荷时先减煤后减风，保证一定的空气裕量，同时又防止风量过大。

Je2F3081　自动调节系统正常工作的前提条件是什么？试说明。

答：自动调节系统正常工作的前提条件是系统必须稳定。一个系统，如果原来处于稳定工况，由于某种原因受到内部或外部的扰动作用而使系统的输出被迫离开原来的稳定工况，当扰动作用消失后，经过一段时间后，系统的输出趋近于原来的稳定工况或趋近于一个新的平衡工况，则系统是稳定的。若经过一段时间后，系统的输出随时间不断增大，直至饱和，则此系统是不稳定的。假若系统在干扰消失后，呈现等幅振荡，则称系统在稳定边界，这实际上也属于不稳定。

Je2F3082　大型汽轮机为什么要低负荷运行一段时间后再进行超速试验？

答：（1）汽轮机在空负荷运行时，汽轮机内的蒸汽参数低，

220

转子中心孔处的温度尚未被加热到脆性转变温度以上，另外超速试验时转子的应力比额定转速时增加 25%的附加应力。

（2）由于以上两个原因，所以大型汽轮机要带低负荷运行一段时间，进行充分暖机，使金属部件（主要是转子）达到脆性转变温度以上，然后再做超速试验。

Je2F3083 有一台气动 PID 调节器，正作用时控制点偏差很小，而反作用时控制点偏差却很大，其原因何在？应如何消除？

答： 出现这种情况的原因大多是微分部分未调整好，即微分零位不准。微分零位偏高，调节器正作用时控制点偏差小，反作用时控制点偏差大。微分零位偏低，调节器正作用时控制点偏差大，反作用时控制点偏差小。

出现上述情况时，可先调整微分零位，使调节器正作用与反作用的控制点偏差一致。若偏差超出精确度范围，则应调整比例积分部分的平衡点。

Je2F3084 试述采用变速给水泵的给水全程控制系统应包括哪几个系统。

答：（1）给水泵转速控制系统。根据锅炉负荷的要求，控制给水泵转速，改变给水流量。

（2）给水泵最小流量控制系统。通过控制回水量，维持给水泵流量不低于某个最小流量，以保证给水泵工作点不落在上限特性曲线的左边，避免产生汽蚀而损坏给水泵。

（3）给水泵出口压力控制系统。通过控制给水调节阀，维持给水泵出口压力，保证给水泵工作点不落在最低压力 p_{min} 线和下限特性曲线以下。

这三个子系统对各种锅炉的给水全程控制系统来说都是必要的。

Je2F3085 试述中间再热机组为什么要采用功—频电液调节系统。

答：中间再热机组由于采用单元制，锅炉的热惯性使新蒸汽压力不能再保持恒定以及由于中间再热的庞大中间容积，机组产生功率迟滞现象，使机组功率与流量之间的正比关系发生了变化，破坏了机构液压调节系统正常工作的前提条件。此外，随着机组容量的增大，由于汽轮发电机组的转动惯量与机组功率之间的比值减小，机组甩负荷时转速的升高容易达到不允许的数值，因此对调速系统动作的快速性提出了更高的要求。功—频电液调节正是这样一种调节系统，它将单冲量的频率调节改为双冲量的功频调节，将电气调节元件与液压执行机构结合起来。

功频电液调节的优点在于能够大范围测速，灵敏度高，过渡过程品质好，综合信号能力强，便于集中控制，能够实现不同的运行方式。

Je2F3086 试述检测信号波动有何害处，应如何消除。

答：检测信号（如液位、差压、风压）波动，必然会引起变送器输出信号波动。这一方面使调节系统频繁动作，影响调节质量；另一方面，电动执行器也容易过热，执行机构的机构部分磨损，阀门泄漏。因此，必须消除检测信号的波动。消除检测信号波动的常见方法是采用加装阻尼装置或者滤波环节。

Je2F3087 试述造成电动执行器振荡的原因有哪些。

答：造成电动执行器振荡的原因主要有以下几个方面：

（1）电动执行器伺服放大器的不灵敏区太小。

（2）电动执行器的制动器间隙调整不当或磨损严重，使伺服电动机惰走太大，应定期进行检查和调整。

（3）调节器参数整定不当一般是因比例带设置太小，系统增益较大，这对有中间被调参数（或称导前参数）的系统更为明显。出现这种情况时，应重新整定调节器参数。

Je2F3088　试述如何调整伺服放大器的不灵敏区。

答：常用的方法是通过调节负反馈深度来改变放大器的放大倍数，以调整放大器的不灵敏区。

首先，调节磁放大器中的调稳电位器。当执行器产生振荡时，应增大不灵敏区。如仍不能消除振荡，则可以减小反馈回路的电阻，以加大负反馈的深度；或者减小偏移电阻，以增大偏移电流，加深磁放大器铁芯的饱和状态；还可以调整磁放大器输出端的电阻，以降低输入触发器的有效电压值。

采取上述办法后，必须注意执行器的静态偏差可能会增大这一问题。

Je2F4089　影响调节系统动态特性的主要因素有哪些？它们是如何影响的？

答：从被调对象看，用两个指标反映其影响。一个指标是转子飞升时间常数 T_a，T_a 越小，甩负荷时加速越快，超调量越大，动态越不稳定；另一个指标是中间容积时间常数 T_V，T_V 越大，动态稳定性越差。

从调节系统看，用三个指标反映其影响。一是速度变动率 δ，δ 越大，动态稳定性越好（但 δ 大则转速升高绝对值很大）；二是油动机时间常数 T_m，T_m 越大，动态稳定性越差；三是迟缓率 ε，ε 越大，动态稳定性越差。

Je2F4090　试述除氧器滑压运行有什么特点。

答：为了提高除氧系统的热经济性，一些大型机组采用滑压运行方式，即将除氧器加热蒸汽阀全开，使除氧器的压力接近汽轮机抽汽口压力（减少了节流损失）。当汽轮机负荷变化时，抽汽压力变化，除氧器压力也随之变化（变化范围应能保证除氧效果）。但压力变化的速度不能太快，因除氧器下部水箱容积较大，若压力变化太快，则水温不能及时改变，会影响除氧效果或造成给水泵入口汽化。故滑压运行仅适用于负荷变化不大的大型机组，并要考虑机组启动及甩负荷时的安全措施。

Je2F4091　为什么要对高压加热器的水位进行自动调节？

答：高压加热器是一种表面式热交换器，用汽轮机的抽汽来加热给水。高压加热器都装有疏水器，用来不断地排出加热蒸汽凝结后的疏水，这些疏水的水位（即高压加热器的水位）需要维持一定。水位过高，影响加热效果，还可能使疏水从抽汽管倒流入汽轮机，形成水冲击；水位过低，加热蒸汽可能直接通过疏水阀排出，影响加热效果和经济性，同时还影响环境。因此，对高压加热器的水位需要进行自动调节，以维持水位一定。

Je2F4092　试述对锅炉连续排污扩容器为何要进行水位调节？

答：连续排污扩容器的作用是将锅炉汽包内不合格的高温高压水进行减压扩容，回收蒸汽（称为二次汽），作为厂内排汽系统的汽源之一。实现水位调节，可使连续排污扩容器在一定的水位下运行，减少热损失，充分利用能源。由于这种设备对水位调节的精确度要求不高，所以可用简单的单回路调节，并考虑设置高水位报警功能。

Je2F4093　试述涡流式位移监测保护装置工作原理。

答：此装置能把位移量转换为电气信号，可作为汽轮机转子轴向位移、胀差、大轴弯曲、振动等检测保护用。

工作原理如图 F-1 所示。涡流式位移监测保护装置的探头是一个不锈钢管子，其端部绕有多股高强度漆包线的线圈，线圈与电容 C 组成并联 LC 振荡器。通过耦合电阻 R 接于高频（5000Hz～2MHz）振荡电源。

当线圈附近有铜、铁、铝等被测材料时，线圈中高频电流 i_1 产生的高频磁通会在导电材料表层感应出高频涡流 i_2。此 i_2 将产生 ϕ_2（与 ϕ_1 相反），使通过线圈的有效磁通减小，因而线圈的电感 L 减小，Q 值下降，也就使线圈两端电压下降。被测物体越靠近线圈，即 Q 越小，涡流效应越大，线圈两端电压下降。涡流式位移检测保护装置由探头、前置器、监视器组成。

前置器内部有石英晶体振荡器，向探头的端部线圈提供稳频稳幅的高频电流。前置器还将检测线圈的输出电压进行放大、检测等处理。最后，前置器输出与检测距离相应的输出电压（稳态时为直流）。监视器将前置器输出信号进行处理，以适应检测指示、越限报警的需要。

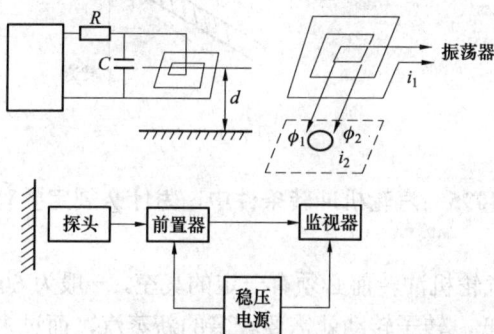

图 F-1

Je2F4094　对于机械式汽轮机调速系统，形成迟缓的因素有哪些？

答：汽轮机调速系统的迟缓率是随着该汽轮机运行时间增加而增长的。调速系统的迟缓率过大使调速系统动作滞后于转速的变化，引起整个调速系统的晃动和汽轮机负荷晃动，一般形成迟缓的因素有以下两个方面：

（1）传动机构的迟缓过大。传动机构的迟缓率是由于滑环至油动机之间各传动连杆接点的卡涩或松动，以及错油门重叠度过大等引起的，另外调速机构存在的摩擦力对迟缓率也有很大影响。

（2）调速器本体迟缓率过大。调速器本体迟缓率是由于滑动套筒、飞锤的支架铰接处、弹簧和错油门等活动零件卡涩而引起的，或受到磨损而有一定的间隙。从空负荷试验得到的滑环行程和转速关系中可以看出，上升和下降曲线不是重合的，而是保持有一定距离,这段距离就代表调速器本身的迟缓程度,如图 F-2 所示的阴影区。

除了上述两个方面以外，汽轮机的配汽机构、蒸汽品质及油质等如不符合要求，也会影响汽轮机调速系统迟缓率。

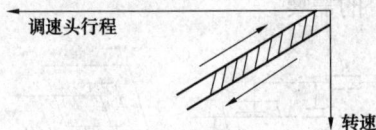

调速头行程

转速

图 F-2

Je2F4095 汽轮机冲转条件中，为什么规定要有一定数值的真空？

答：汽轮机冲转前必须有一定的真空，一般为 60kPa 左右。若真空过低，转子转动就需要较多的新蒸汽，而过多的乏汽突然排至凝汽器，凝汽器汽侧压力瞬间升高较多，可能使凝汽器汽侧形成正压造成排大气安全薄膜损坏，同时也会给汽缸和转子造成较大的热冲击。

冲动转子时，真空也不能过高，真空过高不仅要延长建立真空的时间，也因为通过汽轮机的蒸汽量较少，放热系数也小，使得汽轮机加热缓慢，转速也不易稳定，从而会延长启动时间。

Je2F4096 试述在设计一个调节系统时应考虑哪些安全保护措施，才能保证系统安全运行？

答：设计调节系统时应考虑的安全保护措施有：

（1）系统应有手动、自动双向无扰切换的功能。

（2）系统应有报警功能，如参数越限报警、仪表故障报警。对重要参数，可采用双重或三重变送器。

（3）系统应考虑调节器输出限幅、抗积分饱和等功能。

（4）系统应有断电、断信号报警并能保持执行机构位置不动的功能。有条件时，最好能使调节器自动切换到手动操作位置。对气动系统，应有断气源保护，如采用气动保位阀（阀门定位器），应根据工艺系统合理选用气开、气关型调节阀。

（5）对一些重要系统，还应考虑对调节速度的限制（如采用变化率限制器、大小值选择器等）；考虑冗余，即备份（如汽轮机的电液调节系统）；同时将保护、报警系统等统一考虑，使之成为一个完整的系统。

（6）另外，对于比较复杂的系统，如机组功率调节系统（协调控制系统）等，除了调节回路外，还应考虑方式切换时的相互跟踪、无扰切换和严密的逻辑控制等问题。

Je2F4097　调节系统静态特性曲线的合理形状是怎样的？为什么？

答：（1）静态特性曲线应连续、光滑、无突变、无水平段。保证调节系统稳定运行，无过大的摆动。

（2）速度变动率适当，在空负荷与满负荷时 δ 稍大些。在空负荷附近 δ 稍大，转速稳定，有利于并网。同时可避免在并网初期由于电网周波的变化导致机组大的负荷变动引起机组解列，或带上过大的负荷导致机组产生较大的热应力和胀差。满负荷附近 δ 稍大，可避免电网频率降低时导致汽轮机过载。

Je2F5098　试述数字调节系统的采样周期与控制周期有什么区别。

答：采样周期是从信号检测的角度命名的一个时间量，即计算机或数字调节仪表从生产现场采集工艺参数快慢的一个时间量。它的含义是每经过一个 T_s（采样周期）长的时间，A/D转换器采集一次数据并保持响应的时间。有些书上又称为数据采样时间。

控制周期是从控制被调量（工艺参数）的角度命名的一个时间量，它从计算机或数字调节仪表内部采集数据。它的含义是每经过一个 T_c（控制周期）长的时间，控制器改变一次输出量并维持到下一个控制周期。有些书上又称为控制回路采样周期。

一般热工调节对象在采用数字调节时，都要进行数字滤波，即多次数据采样读入再调节一次。因此，数据采样周期与控制周期（控制回路采样周期）是不同的。

Je2F5099　试述在电厂中实现数字控制，主要应解决哪些问题。

答：电厂热力生产过程连续性很强，对安全的要求高，实现数字控制必须围绕安全可靠这个主要问题，具体有以下方面：

（1）计算机或数字调节仪表必须可靠，设备的无故障小时数至少要保证在一个机组的大修周期以上。主机要有备用及安全保护措施，在功能方面（软件和硬件）要齐全，特别是过程接口要适应电厂热力过程的特点，既有电量，也有非电量，既有弱电，也有强电信号。人/机接口要便于运行人员操作，而不是便于热控人员。电厂强电设备较多，干扰较大，数字控制装置和系统必须有良好的抗干扰措施。

（2）检测信号方面，一次或二次仪表必须可靠，且有安全保护措施，如信号"三取二"、偏差报警、断电源信号报警等。

（3）执行机构方面，阀门和挡板的特性要好，可靠性高；执行器开得起、关得下，且有完善的保护，如力矩保护、中断开关等。

Je1F3100　试述汽包水位测量系统的配置方式。

答：（1）锅炉汽包水位测量系统的配置必须采用两种或两

种以上工作原理共存的配置方式。锅炉汽包至少应配置 1 套就地水位计、3 套差压式水位测量装置和 2 套电极式水位测量装置。新建锅炉汽包应配置 1 套就地水位计、3 套差压式水位测量装置或配置 1 套就地水位计、1 套电极式水位测量装置和 6 套差压式水位测量装置。

（2）锅炉汽包水位控制和保护应分别设置独立的控制器。汽包水位控制信号应为分别取自 3 个独立取样的差压变送器通过 3 个独立的 I/O 模块引入 DCS 的冗余控制器后进行逻辑判断后的信号，汽包水位保护信号也应为分别取自 3 个独立取样的测量装置输出的信号通过 3 个独立的 I/O 模块引入 DCS 的冗余控制器后进行三取二后的信号。在控制室内至少应配置 1 个独立于 DCS 及其电源的汽包水位后备显示仪表。

（3）每个汽包水位信号补偿用的汽包压力变送器应分别独立配置，进入 DCS 的汽包水位测量信号应设置包括量程范围、变化速率等坏信号的检查手段。汽包水位测量的差压变送器间、电极式测量装置信号间，以及差压变送器和电极式测量装置的信号间应在 DCS 中设置偏差报警。

Je1F3101　热工用的电源应该怎样进行配置？

答：（1）热工控制盘柜进线电源的电压等级不得超过 220V，进入控制装置盘柜的交、直流电源除停电一段时间不影响安全外，应各有两路，互为冗余备用。工作电源故障应有自动切投装置，能及时切换至另一路电源。

（2）每组热工交流动力电源配电箱应有两路输入电源，分别引自厂用低压母线的不同段。在有事故保安电源的发电厂中，其中一路输入电源应引自厂用事故保安电源段。

（3）分散控制系统、汽轮机电液控制系统、机组保护回路、火检装置及火检冷却风机控制等的供电电源，一路应采用交流不间断电源，一路来自厂用保安段电源。

Je1F3102　什么叫单阀控制？什么叫顺序阀控制？这两种控制方式各自有何特点？为什么要进行这两种阀门的切换？

答：（1）单阀控制。所有的调节阀接受同一个控制信号，节流调节，全周进汽。单阀控制的特点如下：① 对调节级叶片的应力控制有利，可以较快的速度变负荷；② 有节流损失，经济性不好。

（2）顺序阀控制。调节阀逐个开启或关闭，任何时刻只有一个（组）调节阀在控制状态，其余全开或全关，喷嘴调节，部分进汽。顺序阀控制的特点如下：① 可以提高经济性；② 对负荷变化有限制。

单阀顺序阀切换的目的是提高机组的经济性和快速性，其实质是要通过节流调节与喷嘴调节的无扰切换，解决变负荷过程中的均热要求与部分负荷经济性的矛盾。

Je1F3103　试述 DEH 系统电—液联调试验的主要内容。

答：试验的主要内容如下：

（1）阀门位移变送器（LVDT）调整。LVDT 调整使阀门机械零位、满度与变送器信号对应，保证精度、线性度指标合格。

（2）伺服回路的滞缓率特性测试。阀门伺服阀带油动机与 DEH 阀门控制卡进行伺服回路的闭环测试。伺服系统闭环调试保证执行机构（阀门油动机）的良好动作灵活性、跟随性和定位精度。伺服回路不发生振荡，也不产生过大的滞缓率。

（3）DEH 安全系统动作时的阀门快关测试。DEH 系统超速控制的性能取决于 DEH 检测转速信号或甩负荷信号到发出指令，安全系统动作，最终阀门关闭的时间。在联调时要对这一过程的时间进行测试。首先要保证阀门的快速关闭时间在设计值。

（4）DEH 带液压系统及实际油动机做混合仿真性能测试。

通过新华公司 DEH 仿真器，来进行 DEH 带液压系统及实际油动机的仿真试验，按照控制功能的要求进行各功能的实验，保证机组安全、成功启动。

Je1F3104 什么是 FCB 控制？它与 RB 有何异同？

答：FCB 控制即机组快速甩负荷控制，是指在机组的运行过程中，汽轮机或电气部分发生故障，而锅炉运行正常。这时控制系统将锅炉负荷降到尽可能低并且维护锅炉稳定运行，而汽轮发电机可以跳闸，也可以在一定的条件限制下空载运行或带厂用电运行，以便在故障消除以后较快地恢复机组运行，尽可能地避免停机所带来的损失。

RB 指内部重要辅机跳闸后的快速减负荷，而 FCB 是外部和内部两个原因引起的事故跳机，而锅炉不停炉或汽轮机不停机的保护。

Je1F3105 为什么说维持锅炉过热汽温的稳定是机组安全经济运行的保障？

答：过热汽温过高或过低都会对机组的安全经济运行造成不利的影响。

过热汽温过高，会使锅炉的受热面及蒸汽管道金属材料的蠕变速度加快，降低使用寿命；若长期超温，则会导致爆管；过高的过热汽温进入汽轮机侧后，还会导致汽轮机的汽缸、汽阀、前几级喷嘴和叶片、高压缸前轴承等部件的寿命缩短，甚至损坏。

过热汽温过低，会降低机组的循环热效率，一般汽温每降低 5～10℃，效率约降低 1%。同时过低的过热蒸汽进入汽轮机侧后会使通过汽轮机最后几级的蒸汽湿度增加，引起叶片磨损。

过热汽温变化过大，将导致锅炉和汽轮机金属管材及部件的疲劳，还将引起汽轮机汽缸和转子的胀差变化，甚至产生剧烈振动，危及机组的安全。

Je1F3106　什么是燃烧控制系统中的交叉限制方式和平行调节方式？各有何特点？

答： 在燃料控制系统中，单交叉方式是根据实际燃料量和风量，进行一次交叉来限制燃料量和风量的设定值。在风量调节回路中以总燃料量与燃烧指令大选后作为风量给定，而在煤量调节回路中以总风量与燃烧指令小选后作为煤量给定值。这是为了保证增减负荷时不发生不完全燃烧的情况，加负荷时燃料量总是迟于风量变化，而在减负荷时燃料量总是先于风量变化。交叉控制方式不能使燃烧系统快速响应。

平行控制调节方式是增减负荷时燃料和风量控制回路同时动作。因为风量对象的特性时间常数大于燃料量对象特性的时间常数，当负荷发生变化时容易造成过量空气系数失去控制。加负荷时，燃料量的增加快于实际风量，过量空气不足，燃烧不完全；而降负荷时，则出现空气过量造成 NO_x、SO_2 增加，脱硫和脱硝成本增加。

Je1F3107　在机组协调控制系统中，为什么要进行机组迫升（RU）和迫降（RD）负荷控制？导致机组迫升（RU）和迫降（RD）负荷的原因各有哪些？

答： 当机组运行工况出现某种异常，不能满足负荷调节要求，并且实际负荷与负荷指令相距甚远时，CCS 系统对目标负荷的增减进行闭锁后，还要进行负荷的迫升和迫降控制。

迫降（RD）的目的是在协调方式下使机组指令与投运设备能力相匹配。在以下情况下，协调控制系统采取迫降负荷控制策略：

（1）给水泵指令在最高限，而实际给水流量比设定值低且超过定值。

（2）燃料主控制器在指令最高限，而实际风量比设定值低且超过定值。

（3）送风机指令在最高限，而实际风量比设定值低且超过定值。

（4）引风机指令在最高限，而实际炉膛压力比设定值低且超过定值。

（5）给水泵指令在最高限，而实际汽包水位比设定值低且超过定值。

（6）当送风机接近喘振工况时。

迫升（RU）的作用是在协调方式下提高机组负荷指令，以适应辅机当前工况。在以下情况下，协调控制系统应采取迫升负荷控制策略：

（1）燃料主控制器指令在最低限，而实际燃料量比设定值高且超过定值。

（2）给水泵指令在最低限，而实际给水流量比设定值高且超过定值。

（3）送风机指令在最低限，而实际风量比设定值高且超过定值。

Je1F3108　什么是超速保护控制（OPC）？一般有几种控制方式？

答：超速保护控制（OPC）是当汽轮机转速超过规定值时，使高压调节汽阀及再热调节汽阀（中压调节汽阀）暂时关闭，减少汽轮机进汽量及功率，但不能使汽轮机停机的一种控制功能。

超速保护控制一般有以下三种方式：

（1）当汽轮机转速达到额定转速的 103%时，自动关闭高、中压调节汽阀。当转速恢复正常时，开启这些汽阀，以维持额定转速。

（2）当汽轮机转速出现加速度时，发出指令，关闭高、中压调节汽阀。当转速加速度恢复到零时转到正常转速控制回路控制转速。

（3）当发电机主断路器解列且汽轮机中压缸排汽压力大于30%时，自动关闭高、中压调节汽阀，当转速恢复正常时，开启这些汽阀，以维持额定转速。

Je1F3109　风量控制系统中为什么要加入氧量校正控制回路？常见的氧量校正方式有哪几种？

答：风量控制系统中加入氧量校正控制回路的原因有如下两个：

（1）锅炉只是近似的线性系统，仅依靠前馈回路获得风量并不能保证氧量指标符合要求，要获得准确的风量，必须加入氧量校正。

（2）氧量设定值是负荷的函数，与负荷呈线性关系。

常见的氧量校正方式有两种，一种是用氧量调节器的输出对实际总风量信号进行修正，另一种是用氧量调节器的输出对风量指令进行修正。

Je1F3110　燃料量控制系统的任务和主要功能有哪些？

答：燃料量控制系统的任务是产生给煤量指令以控制燃烧，它主要有以下功能：

（1）交叉控制。锅炉指令按可供的风量来限制燃料出力，以保证燃料量决不高于风量；锅炉指令按送入锅炉的总燃料量（包括所有辅助燃料）来控制风量，以保证风量不低于燃料量。

（2）自动增益调整。根据运行的磨煤机的数量修正燃料指令。

（3）热值校正（BTU 校正）。根据燃料的不同发热量对燃料量反馈信号进行校正。

（4）为加快燃料量对负荷变化的响应，信号回路有速率可调的"加速"功能。

Je1F3111　试说明常见串级三冲量汽包水位控制系统各回路的控制原理。

答：常见的串级三冲量汽包水位控制方案，汽包水位控制系统设计为在给水流量反馈控制基础上引入蒸汽流量前馈冲量构成的。它包含给水流量控制回路和汽包水位控制回路两个控制回路，实质上是蒸汽流量前馈与水位—流量串级系统组成的复合控制系统。当蒸汽流量变化时，锅炉汽包水位控制系统中的给水流量控制回路可迅速改变给水量以完成粗调，然后再由汽包水位调节器完成水位的细调。

Je1F3112　试述工业 PID 调节器经验法的整定步骤。

答：工业 PID 调节器经验法的整定步骤如下：

（1）调节器积分系数 $K_i=\infty$，微分系数 $K_d=0$，控制系统投入闭环运行。由小到大改变系数 K，每次改变后加入阶跃扰动，观察调节曲线的形态，直到满意为止。

（2）以比例系数 K 当前值乘以 0.83，作为新的比例系数设定值；由小到大增加积分系数 K_i，同样，每次改变后作阶跃扰动，观察调节曲线的形态，直到满意为止。

（3）积分系数 K_i 保持不变，改变比例系数 K，观察控制过程有无改善，如有改善则继续调整，直到满意为止。否则，将原比例系数 K 增大一些，再调整积分系数 K_i，力求改善控制过程。如此反复试凑，直到找到满意的比例系数 K 和积分系数 K_i。

（4）引入适当的实际微分系数 K_d 和实际微分时间 T_d，此时可适当增大比例系数 K 和积分系数 K_i。和调整比例系数、积分系数一样，微分时间的整定也需反复调整，直到控制过程满意为止。

Je1F3113　试述 DCS 常规接地系统的要求。

答：在 DCS 系统厂家无明确说明和要求的情况下，DCS 常规接地系统的要求如下：

（1）控制系统应使用专用地极，接地极与电厂电气接地网之间应保持 10m 以上的距离，且接地电阻不得超过 2Ω。当 DCS 与电厂电力系统共用一个接地网时，控制系统接地线与电气接地网只允许有一个连接点，且接地电阻应小于 0.5Ω。

（2）DCS 控制系统的接地，一般有信号地（屏蔽层接地）和保护地（机柜及电源地），也有的控制系统合并为一个地，相对应的每个控制柜有信号地和保护地，而每个端子柜只有保护地。各机芯的相应接地线应可靠连接，并由两根铜芯电缆分别引至总接地板。连接线的线质、线径、线色应满足规定要求。

（3）断开机柜与信号地线和保护地线的连接，用测量电阻的仪器测得的接地导线与机柜之间的电阻应小于 1Ω，否则应采取措施。断开每个机柜接地线与外界的联系，用万用表检查柜内信号地和保护地相互间、与地间、与机柜间的电阻，任意两者之间应大于 2MΩ。

（4）同一信号回路或同线路的模拟量信号线屏蔽层，均在控制系统端子排处接地，以保证一点接地。断开信号电缆屏蔽层的接地，用普通万用表测量屏蔽层与地之间的电阻应大于 2MΩ。一般开关量信号无需屏蔽接地，但必须保证控制系统输入开关量是一个单独的无源触点，不能与其他系统共用一个输入触点或串入高电压。

Je1F3114　试述影响火电机组负荷调节速度的主要因素。

答： 影响火电机组负荷调节速度的因素主要有以下四个方面：

（1）锅炉响应的迟延特性。火电机组对负荷响应的延时主要取决于锅炉在接到负荷指令后，从煤量改变到蒸汽流量发生变化所需要的时间，即蒸汽产生的纯延迟时间。一般中间储仓式制粉系统由于煤粉仓的作用，没有制粉过程的影响，负荷的响应较快；钢球磨煤机直吹式制粉系统可以利用磨煤机筒体中的存粉，通过控制系统的前馈作用，以提高负荷响应速度；而中速磨煤机直吹系统的磨煤机中只存有少量的煤粉，控制系统的前馈作用不明显，因此对负荷的响应速度较慢。

（2）滑压运行的影响。滑压运行对负荷的适应性较差，因为机组在滑压运行时，锅炉蓄热能力将随参数的变化而变化，变化方向恰好与负荷需求方向相同；当需要增加负荷时，锅炉同时吸收一部分热量来提高参数，使其蓄热能力增加；当需要降低负荷时，参数降低，释放蓄热。增加或者降低负荷都阻碍了机组对外界负荷需求的响应，降低了负荷的响应速率。

（3）磨煤机启停的影响。磨煤机的启停会对直吹式制粉系统机组的负荷调节产生影响，通常 300MW 及以上机组锅炉配置有多台磨煤机，负荷在一定范围内变动时，不需要进行启停磨煤机操作，当负荷变动超过一定范围时则需要启停磨煤机。因启停磨煤机有一系列的过程，会导致负荷响应速度下降。

（4）锅炉蓄热能力的利用。协调控制系统在负荷调节过程中，是否利用锅炉蓄热能力，对负荷响应速度的影响较大。

Je1F3115　试述改善火电机组AGC调节品质的技术手段。

答：单元机组锅炉发热量的改变有较大的迟延和惯性，提高机组负荷响应速率的关键在于锅炉负荷响应速率的提高，而缩短负荷响应滞后时间的关键在于通过调节汽门的动作合理利用锅炉的蓄热。从控制技术上讲，可以从以下四个方面来改善火电机组 AGC 调节品质：

（1）汽轮机调节汽门迅速响应负荷指令，充分利用锅炉的蓄热能力。在协调控制系统接到 AGC 负荷指令调节后，汽轮机调节汽门不加任何延迟地迅速打开，并放宽限制汽轮机调节汽门动作的压力波动允许值。

（2）增强煤量和一次风量的前馈作用。

（3）采用定压—滑压联合调节方式提高负荷响应速度。

（4）正确使用风煤交叉限制。

237

Je1F3116 汽轮机 DEH 系统与 CCS 协调控制系统之间一般有哪些接口信号？

答：汽轮机 DEH 系统与 CCS 协调控制系统之间一般有如下接口信号。

（1）状态信号。"CCS"允许投信号由 CCS 协调控制系统至汽轮机 DEH 系统之间的开关量信号；"CCS 已投入"信号由汽轮机 DEH 系统至 CCS 协调控制系统的开关量信号。

（2）指令信号。CCS 协调控制系统的负荷指令增减信号。

（3）跟踪反馈信号。为使 CCS 协调控制系统在投/切汽轮机遥控时无扰动，汽轮机 DEH 系统送给 CCS 协调控制系统如下信号：

1）负荷参考值。代表汽轮机当前的给定值。

2）调节汽门位置。汽轮机调节汽门的总开度。

3）实际功率。实际的发电机功率。

4）频率偏差。当前的电网频率与额定转速的差值。

Je1F3117 试述石灰石—石膏湿法脱硫工艺。

答：锅炉引风机排出的原烟气由增压风机导入脱硫系统，通过 GGH（气—气加热器）进行热交换后烟气进入吸收塔。在吸收塔内，原烟气自下而上通过塔身，与喷淋系统喷出的雾状石灰石浆液逆流混合，脱硫后的净烟气经喷淋系统上部的除雾器除去烟气所携带雾滴后排出吸收塔进入 GGH，经 GGH 换热升温后经烟囱排出。

吸收 SO_2 的浆液落入吸收塔底部反应槽，通过脱硫循环泵与补充的石灰石浆液再次从吸收塔上的喷淋系统喷出，洗涤烟气中的 SO_2。混合浆液在反应槽内由外置的氧化风机供给空气使亚硫酸根氧化成石膏。

Jf3F3118 气动仪表经常出现压力脉冲干扰，应采取什么措施？

答：气动仪表（如压力、差动变送器）以及脉冲管路上的压力表经常处于压力脉冲干扰下，会降低仪表的精确度和使用寿命，也不利于自动调节，有时还无法投入自动调节系统。

若经常出现压力脉冲干扰，最简便的方法是加大管路系统的阻尼，即在气动仪表和压力表的输入端加气阻、气容构成的滤波器（相当于电路中的电阻、电容组成的滤波器），以加大时间常数。根据现场情况，气阻可选用不锈钢管、铜管或玻璃管等，内径为 1mm，长度为 50～100mm；气容可用铁管或聚氯乙烯硬塑料管，内径为 50～120mm，长度为 100～140mm。

Jf2F3119　如何从调节仪表角度提高调节系统的调节质量？

答：（1）要严格按照调节仪表的技术指标进行调校。

（2）合理整定调节仪表的参数。

（3）对一般的调节对象特性，要选择合理的调节规律。

（4）对一些特殊调节对象特性，如发电机组负荷变化较大，调节对象特性变化也较大的情况，可以采用参数自整定调节器。调节对象特性若是非线性的，可以采用非线性的 PID 调节器；调节对象特性响应速度快，可以采用开关或 PID 双模调节器；对象特性是时变的调节对象，可以采用自适应的 PID 调节器。

（5）对随动调节系统，可以采用给定值调节器（简称 SPC 调节器），即根据生产过程要求随时修改调节器的给定值（可采用时间程序和参数程序给定），以提高产品的质量和数量。

Jf1F4120　试述 DEH 负荷控制在主要三种模式下分别是怎样进行的。

答：DEH 的负荷控制主要有三种模式：CCS 控制模式、DEH 负荷自动调节模式和手动控制模式。

在 CCS 控制模式，DEH 作为 CCS 的执行部分，接受 CCS 系统给出的负荷增减指令来调节阀门开度。

在 DEH 负荷自动调节模式，DEH 系统按照运行人员设定的负荷定值、负荷变化率对负荷进行自动调节。负荷变化率和负荷定值由运行人员按规定给定。

在 DEH 手动控制模式，负荷控制为开环控制方式，由操作员直接给出的阀位目标和变化率，确定相应的阀门开度，不对负荷进行闭环调节。

Jf1F4121 试述什么是"两措"计划？编制的依据是什么？

答："两措"计划是安全技术措施、反事故技术措施计划。

编制安措计划的依据是：国家颁布的劳动保护法令和产业部门颁发的劳动保护标准；安全检查中所发现的尚未解决又不影响人身安全的问题；预防火灾、爆炸、工伤、职业病、职业中毒所需采取的技术措施；生产发展需要的安全措施及广大职工提出的有利于安全生产的合理化建议等。

反事故技术措施计划编制的依据是原电力部《防止电力生产重大事故的二十项重点要求》；本企业安全生产中存在的设备隐患和重大缺陷；企业有计划地改造、改善、更换威胁设备和人身安全的不合理的设备部件或者设备本身和设备安全保护措施；已经在本企业内发生了的设备损坏事故或由此导致人身事故的教训等。

4.2 技能操作试题

4.2.1 单项操作

行业：电力工程　　工种：热工自动装置检修　　等级：初

编　号	C05A001	行为领域	e	鉴定范围	3
考核时间	30min	题　型	A	题　分	20分
试题正文	低压压力开关接头处渗漏处理				
需要说明的问题和要求	1. 要求单独完成 2. 需要协助时可向考评员申请，由考评员指定协助人员 3. 要求安全文明生产				
工具、材料、设备、场地	1. 螺丝刀一把，扳手两把，控制接线图一本 2. 生料带一卷，低压压力开关一只 3. 工作现场				
操作步骤	1. 开工作票，根据压力开关对应的 KKS 码，在工程师站查压力开关实际用途，若作保护，需在处理接头渗漏前强制好信号，若仅仅作报警，可不作任何强制 2. 关闭压力开关的二次阀组 3. 松开压力开关的仪表管接头，清理接头处的生料带及垃圾，擦干渗漏的水或油 4. 重新在压力开关接头缠上生料带，用扳手拧紧仪表管接头，注意在拧时要确保仪表管与压力开关垂直 5. 打开压力开关的二次阀组，若有强制须给予恢复，终结工作票				
评分标准	项目名称	质量要求	满分	扣　分	
	1. 开工作票和信号强制	（1）开工作票，信号查找正确	4	未开工作票扣20分 查找错误扣20分	
		（2）强制无误	4	强制错误扣20分	
	2. 压力开关的二阀组关闭	操作步骤正确	2	步骤不正确扣2分	
	3. 清理压力开关接头，生料带盘缠	接头清理干净，生料带盘缠方向正确	6	清理不干净扣 1～3分，生料带盘缠方向不正确扣3分	
	4. 使用工具及操作，终结工作票	（1）工具使用正确	2	不正确扣1～2分	
		（2）终结工作票	2	未终结工作票扣2分	

行业：电力工程　　　工种：热工自动装置检修　　　等级：初

编　号	C05A002	行为领域	e	鉴定范围	3
考核时间	30min	题　型	A	题　分	20分
试题正文	变送器取压管路吹扫（以二次风量为例）				

需要说明的问题和要求	1. 要求单独完成 2. 需要协助时可向考评员申请，由考评员指定协助人员 3. 要求安全文明生产
工具、材料、设备、场地	1. 吹扫橡皮管一根，控制接线图一本 2. 变送器一台 3. 工作现场
操 作 步 骤	1. 开工作票，在 EWS（工程师工作站）站软件中强制总风量小于30%MFT 信号 2. 将二次风道 A 侧风量测量管路的总阀门关闭，将橡皮管从附近的燃烧层厂用空气管接到风量测量分路的吹扫管路上 3. 打开风量测量管路上的阀门，再打开厂用空气管路上的隔离阀进行吹扫，吹扫完关闭吹扫管路上的阀门，接着对其他风量测量分管路进行同样的吹扫，结束后打开风量总管路上的总阀门 4. 同样对二次风量 B 侧进行吹扫 5. 吹扫完毕，恢复 EWS 站的软件强制 6. 终结工作票

评 分 标 准	项目名称	质量要求	满分	扣　分
	1. 信号强制	（1）开工作票 （2）信号查找正确 （3）强制无误	4 3 3	未开工作票扣20分 查找错误扣20分 强制错误扣20分
	2. 变送器取样阀关闭	操作步骤正确	3	步骤不正确扣3分
	3. 使用工具及操作，终结工作票	（1）工具使用正确 （2）操作熟练和终结工作票	4 3	不正确扣1～4分 操作不熟练扣 1～3分，未终结工作票扣2分

242

行业：电力工程　　　工种：热工自动装置检修　　　等级：初

编　　号	C05A003	行为领域	e	鉴定范围	3
考核时间	30min	题　　型	A	题　　分	20分
试题正文	接线柜之间电缆对线				
需要说明的问题和要求	1. 要求单独完成 2. 需要协助时可向考评员申请，由考评员指定协助人员 3. 要求安全文明生产				
工具、材料、设备、场地	1. 对讲机、万用表、电池组对线灯、记号笔 2. 小白头、短接线 3. 工作现场				
操作步骤	1. 开工作票，先在一侧接线柜需对线的电缆中找一根线作为中心线，与接线柜大地短接 2. 再在另一侧接线柜处用万用表电阻挡或电池组对线灯一端接大地，另一端依次短接需对线的电缆每一根线，直到万用表指示为零或电池对灯亮为止 3. 然后分别将小白头套在已对清楚的线两端，并用记号笔做好标记 4. 接着将一侧接线柜电缆其他任一根线与中心线短接 5. 在另一侧接线柜处用万用表电阻挡或电池组对灯一端接中心线，另一端依次短接电缆其他每一根线，直到万用表指示为零或电池组对灯亮为止 6. 分别将小白头套在已对清楚的线两端，并用记号笔做好标记 7. 根据同样办法，将电缆所有线对清楚，并做好相应的标记，最后终结工作票				

评分标准	项目名称	质量要求	满分	扣　分
	1. 开工作票，电缆对线	（1）开工作票 （2）对线步骤正确 （3）对线结果无误	2 3 3	未开工作票扣20分 步骤不正确扣3分 对线结果错误扣20分
	2. 小白头标记	标记清晰、准确	3 4	标记不清晰扣1~3分 标记不准确扣4分
	3. 使用工具及操作，终结工作票	（1）工具使用正确、操作熟练 （2）终结工作票	3 2	不正确扣1~3分 未终结工作票扣2分

243

行业：电力工程　　工种：热工自动装置检修　　等级：初

编　号	C05A004	行为领域	e	鉴定范围	3
考核时间	30min	题　型	A	题　分	20分
试题正文	露天电涡流振动探头在线清洗（以本特利公司产品为例）				

需要说明的问题和要求	1. 要求单独完成 2. 需要协助时可向考评员申请，由考评员指定协助人员 3. 要求安全文明生产
工具、材料、设备、场地	1. 螺丝刀一把 2. 电子清洗剂一罐 3. 振动探头一个 4. 工作现场
操作步骤	1. 工作票许可，安措完成 2. 需清洗的振动探头所对应卡件的"DB"开关用螺丝刀打到ON 3. 用电子清洗剂对准需清洗的振动探头进行清洗 4. 清洗大概15s后停顿，间隔15s后再清洗 5. 振动探头用肉眼观察已干净，停止清洗 6. 把已清洗干净的振动探头所对应卡件的"DB"开关打到OFF，终结工作票

	项目名称	质量要求	满分	扣　分
评分标准	1. 工作票办理	工作票填写正确、得到许可，正确终结工作票	5	未办理工作票扣20分，未终结工作票扣2分
	2. 信号强制	信号强制正确	5	信号未强制或强制不正确扣20分
	3. 清洗探头	步骤正确	5	步骤不正确扣1～5分
	4. 清洗结果	无杂质附在探头上	5	有杂质附在探头上扣1～5分

244

行业：电力工程　　工种：热工自动装置检修　　等级：中

编　　号	C04A005	行为领域	e	鉴定范围	3
考核时间	30min	题　型	A	题　分	20分
试题正文	现场气动定位器调整（以 ABB 为例）				

需要说明的问题和要求	1. 要求单独完成 2. 需要协助时可向考评员申请，由考评员指定协助人员 3. 要求安全文明生产
工具、材料、设备、场地	1. 一字螺丝刀一把 2. 带 ABB 定位器的气动调整门一台 3. 工作现场（有压缩空气供给）
操　作　步　骤	根据 ABB 定位器的调整要求来调整气动门： （1）开工作票，观察压缩空气输出压力表有无指示 （2）打开 ABB 定位器面板，根据 ABB 定位器的要求来操作自动调整气动门 （3）从 ABB 定位器面板上操作到远方控制 （4）装上 ABB 定位器面板，终结工作票

评　分　标　准	项目名称	质量要求	满分	扣　分
	1. 操作自动调整气动门	（1）开工作票 （2）步骤正确 （3）操作熟练	2 8 5	未开工作票扣 20 分 步骤不正确扣 1～8 分 操作不熟练扣 1～5 分
	2. 远方控制	能远方控制	3	没有操作扣 20 分
	3. 终结工作票	终结工作票	2	未终结工作票扣 2 分

行业：电力工程　　　工种：热工自动装置检修　　　等级：中

编　号	C04A006	行为领域		e	鉴定范围	3
考核时间	30min	题　型		A	题　分	20分
试题正文	气动设备气管路配置					

需要说明的问题和要求	1. 要求单独完成 2. 需要协助时可向考评员申请，由考评员指定协助人员 3. 要求安全文明生产
工具、材料、设备、场地	1. 扳手（4、6、8in 各一把），卷尺一把，管子割刀一把，管路安装图纸一份 2. 铜或不锈钢管子若干，气管路接头若干，气管阀门若干 3. 弯管机一台 4. 工作现场
操作步骤	1. 开工作票，依照安装图，用卷尺量出所需配管的两点之间距离 2. 用管子割刀截取所需长度的管子 3. 用弯管机对管子进行弯管处理 4. 在管子两端套上管路接头螺母和卡套 5. 用扳手将管子安装上 6. 进行通气检查，终结工作票

	项目名称	质量要求	满分	扣　分
评分标准	1. 开工作票，阅读图纸准确、熟练	（1）开工作票 （2）准确、熟练	2 3	未开工作票扣20分 不准确熟练扣3分
	2. 选用工具、设备	工具、设备的选择要	2	选择错误扣1～2分
	3. 弯管、割管	（1）熟练 （2）对管子无损伤	2 3	不熟练扣1～2分 损伤管子扣1～3分
	4. 管路安装	（1）位置正确 （2）安装牢固、美观	3 2	位置不正确扣20分 安装不牢固、美观扣1～2分
	5. 通气试验和终结工作票	管子无泄漏、终结工作票	3	有泄漏扣3分，未终结工作票扣2分

246

行业：电力工程　　工种：热工自动装置检修　　等级：中

编　号	C04A007	行为领域	e	鉴定范围	1
考核时间	30min	题　型	A	题　分	20分
试题正文	可编程模拟量输入模块零位，量程调整（以 PLC5 系列为例）				
需要说明的问题和要求	1. 要求单独完成 2. 需要协助时可向考评员申请，由考评员指定协助人员 3. 要求安全文明生产				
工具、材料、设备、场地	1. 螺丝刀（中号、小号各一把），数字电压表一块（5-1/2，0.01%） 2. 扩展模块一块（CAT. NO. 1771-EZ），编程器一台 3. 工作现场				
操 作 步 骤	1. 开工作票，得到许可后开始下电，拔出模拟量输入模块并打开 2. 将模块插入扩展卡，并将控制卡插到机架中，然后上电 3. 将数字电压表的正端接入模块的 TPI 端子，负端接入模拟量模块的公共端 4. 调整 R64，直到数字电压表显示为 10.000 0V 5. 下电，拔出 E1 跳线 6. 将数字电压表的正端接入模块的 TP2 端子，负端接入模拟量模块的公共端 7. 打开电源，检查 FAT 指示灯亮，RUN 指示灯灭 8. 调整 R64，直到数字电压表显示为 0.000 0V（允许最大有 0.000 2V 的误差） 9. 检查完毕后，下电恢复跳线，恢复模块安装，终结工作票				

评 分 标 准	项 目 名 称	质 量 要 求	满分	扣　分
	1. 开工作票和调整工具准备	（1）开工作票和终结工作票 （2）调整工具的选择	2 2	未开工作票扣20分，未终结工作票扣2分 选择错误扣1~2分
	2. 接线	接线要求正确	2	接线错误扣2分
	3. 调整	步骤正确、熟练	8	步骤不正确扣 1~8 分
	4. 读数	读数正确、符合规范	3	读数不规范扣 1~3 分
	5. 技术记录	技术记录完整、清晰、正确	3	记录不全扣1~3分

行业：电力工程　　　工种：热工自动装置检修　　　等级：中

编　号	C04A008	行为领域	e	鉴定范围	1
考核时间	30min	题　型	A	题　分	20分
试题正文	工业用1.5级，量程为0～0.6MPa差压表校验				
需要说明的问题和要求	1. 要求单独完成 2. 需要协助时可向考评员申请，由考评员指定协助人员 3. 要求安全文明生产				
工具、材料、设备、场地	1. 10in 扳手两把，中型一字螺丝刀一支，十字螺丝刀一支，1.0MPa精密差压表一个 2. 生料带一盒 3. YS-250 精度0.05级、量程0～25MPa活塞式压力计一台 4. 热工计量室				
操作步骤	1. 水平放置校验台，将压力校验台加油并进行排空 2. 将所校差压表、标准表装到校验台上，并加压检查密封性（差压表应接高压侧） 3. 按表计的满量程分5个校验点，先记录零位 4. 关闭校验台的油杯阀，打开左右二通阀，操作手轮均匀加压到第2个校验点，使压力指示稳定，读标准表读数，同样操作至第3、第4、第5个校验点，记录每个点的标准表读数 5. 稍加压超过量程后，反方向操作手轮，回到满量程，记录读数 6. 同样操作至第4、第3、第2、第1个校验点记录读数 7. 如存在误差，则需进行调整 （1）先进行非线性调整，加压到1/2最大量程，调整扇形齿轮与拉杆夹角为90° （2）再进行线性调整，加压到最大量程，调节拉杆传动位置螺丝，使被校表读数与标准表一致，按照3～6步骤反复调整直到合格为止				

<table>
<tr><td rowspan="9">评分标准</td><td>项目名称</td><td>质量要求</td><td>满分</td><td>扣　分</td></tr>
<tr><td>1. 校验工具选择</td><td>选型正确</td><td>2</td><td>选型不正确扣1～2分</td></tr>
<tr><td>2. 校验点选取</td><td>正确选取5点</td><td>2</td><td>不完全正确扣1～2分</td></tr>
<tr><td>3. 基本误差计算</td><td>计算无误</td><td>2</td><td>计算有误扣1～2分</td></tr>
<tr><td>4. 被校表、标准表安装</td><td>安装位置正确、无泄漏</td><td>5</td><td>安装位置错误扣4分，有泄漏扣2分</td></tr>
<tr><td>5. 上下行程各校一遍</td><td>正确</td><td>2</td><td>上行程或下行程漏校扣2分</td></tr>
<tr><td>6. 读数方法正确</td><td>要求轻敲前后各读一次</td><td>4</td><td>读数方法不对扣1～4分</td></tr>
<tr><td>7. 判断表计是否合格</td><td>判断方法正确，符合规程要求</td><td>1</td><td>判断错误扣1分</td></tr>
<tr><td>8. 校验报告</td><td>校验报告完整、清晰、正确</td><td>2</td><td>校验报告有误扣1～2分</td></tr>
</table>

行业：电力工程　　工种：热工自动装置检修　　　　等级：中

编　号	C04A009	行为领域	e	鉴定范围	1
考核时间	30min	题　型	A	题　分	20分
试题正文	工业用 1.5 级，量程为 0～0.6MPa 压力表校验				
需要说明的问题和要求	1. 要求单独完成 2. 需要协助时可向考评员申请，由考评员指定协助人员 3. 要求安全文明生产				
工具、材料、设备、场地	1. 10in 扳手两把，中型一字螺丝刀一支，十字螺丝刀一支，1.0MPa 精密差压表一个 2. 生料带一盒 3. YS-250 精度 0.05 级，量程 0～25MPa 活塞式压力计一台 4. 热工计量室				
操 作 步 骤	1. 水平放置校验台，将压力校验台加油并进行排空 2. 将所校压力表、标准表装到校验台上，并加压检查密封性 3. 按表计的满量程分 5 个校验点，先记录零位 4. 关闭校验台的油杯阀，打开左右二通阀，操作手轮均匀加压到第 2 个校验点，使压力指示稳定，读标准表读数，同样操作至第 3、第 4、第 5 个校验点，记录每个点的标准表读数 5. 稍加压超过量程后，反方向操作手轮，回到满量程，记录读数 6. 同样操作至第 4、第 3、第 2、第 1 个校验点记录读数 7. 如存在误差，则需进行调整 （1）先进行非线性调整，加压到 1/2 最大量程，调整扇形齿轮与拉杆夹角为 90° （2）再进行线性调整，加压到最大量程，调节拉杆传动位置螺丝，使被校表读数与标准表一致，按照 3～6 步骤反复调整直到合格为止				

	项 目 名 称	质 量 要 求	满分	扣　　分	
评 分 标 准	1. 校验工具选择	选型正确	2	选型不正确扣 1～2 分	
	2. 校验点选取	正确选取 5 点	2	不完全正确扣 1～2 分	
	3. 基本误差计算	计算无误	2	计算有误扣 1～2 分	
	4. 被校表、标准表安装	安装位置正确、无泄漏	6	安装位置错误扣 4 分，有泄漏扣 2 分	
	5. 上下行程各校一遍	正确	2	上行程或下行程漏校扣 2 分	
	6. 读数方法正确	要求轻敲前后各读一次	2	读数方法不对扣 1～2 分	
	7. 判断表计是否合格	判断方法正确，符合规程要求	2	判断错误扣 2 分	
	8. 校验报告	校验报告完整、清晰、正确	2	校验报告有误扣 1～2 分	

编　　号	C04A010	行为领域	e	鉴定范围	3
考核时间	30min	题　型	A	题　分	20分
试题正文	加热器（高压加热器/低压加热器）液位开关法兰渗漏处理					

需要说明的问题和要求	1. 要求单独完成 2. 需要协助时可向考评员申请，由考评员指定协助人员 3. 要求安全文明生产
工具、材料、设备、场地	1. 扳手两把，防烫手套两副，水桶一只 2. 不锈钢金属缠垫床 1 片 3. 液位开关一台 4. 工作现场
操作步骤	1. 开工作票，得到许可后首先用扳手逐个拧紧该开关法兰的螺丝（对称平衡），观察法兰渗漏情况是否消除，如果仍然渗漏则必须更换垫床 2. 办加热器停役申请单（撤出加热器汽侧）及工作票，安措中同时要求关闭该开关上下一次阀 3. 待开关法兰面充分冷却后，将位于开关上面的排汽口及排污口的阀门打开，以排掉开关中的疏水，流下来的疏水用水桶接住 4. 用扳手将法兰的两端螺丝都拧松，然后将一侧的螺丝及螺帽取下来（恰好能够取出法兰垫片） 5. 取出垫片，将相同型号的新垫片插入法兰面中间，注意垫片的密封面的位置必须与法兰面紧密接触 6. 装上螺丝螺帽，用扳手逐渐地对称均匀地拧紧法兰螺丝 7. 重新装上排汽口及排污口的闷头，开启开关上下一次阀 8. 恢复安措，办理高压加热器复役申请单，重新投运加热器汽侧一段时间后，用扳手重新拧紧法兰的所有螺丝 9. 终结工作票

评分标准	项 目 名 称	质 量 要 求	满分	扣　　分
	1. 工作票办理	工作票填写正确、得到许可	3	未办理工作票扣 20分，未终结工作票扣2分
	2. 渗漏处理	（1）操作步骤正确	3	不正确扣3分
		（2）现场无污迹	2	有污迹扣2分
		（3）无烫伤事件发生	2	发生烫伤事件扣2分
	3. 使用工具及操作	（1）工具使用正确	3	不正确扣3分
		（2）操作熟练	2	不熟练扣1～2分
	4. 处理结果	法兰无渗漏	5	法兰渗漏扣5分

行业：电力工程　　　工种：热工自动装置检修　　　等级：中

编　　号	C04A011	行为领域	e	鉴定范围	1
考核时间	30min	题　型	A	题　分	20分
试题正文	加热器液位变送器静态校验				
需要说明的问题和要求	1. 要求单独完成 2. 需要协助时可向考评员申请，由考评员指定协助人员 3. 要求安全文明生产				
工具、材料、设备、场地	1. 皮管（直径20～25mm，长度1500mm）一条，万用表一只，水桶一只，卷尺一把，螺丝刀一把，记号笔一支，控制接线图一本 2. 液位变送器一台 3. 工作现场				
操作步骤	1. 开工作票，安措中要求隔离待校液位变送器测量桶上下一、二次阀 2. 将位于液位变送器测量筒上面的排汽口及下面的排污口的阀门打开，以排掉测量筒中热的疏水，流下来的疏水用水桶接住 3. 自然冷却至手能够触摸测量筒表面为止 4. 以测量筒上标出的高压加热器疏水基准中心线"CENTREL"为疏水液位的基准零位。向上及向下用记号笔标出疏水液位25%、50%、75%及100%的刻度线 5. 用螺丝刀解开液位变送器输出的"－"端，串联上万用表（切至mA档），以读出液位变送器的输出电流 6. 将皮管的一端与测量筒的排污口紧密相连，另一端紧贴测量筒表面并加水，依次加水至测量筒的25%、50%、75%及100%的刻度线。反复调整液位变送器零位/满量程调整螺丝以使液位变送器的输出电流相应为4（未加水时的输出）、8、12、16和20mA。要求误差控制在5%以内 7. 拆下万用表，重新接上液位变送器输出的"－"端 8. 终结工作票				

	项 目 名 称	质 量 要 求	满分	扣　分
评分标准	1. 开工作票和终结工作票，误差计算	正确开具和终结工作票，误差计算符合计量规程	2	未开工作票扣20分，未终结工作票扣2分，误差计算错误扣2分
	2. 连接校验回路	校验回路连接正确、无误	5	连接错误扣1～5分
	3. 检定点的确定	检定点选择正确	5	检定点选择错误扣5分
	4. 校验及调节过程	校验过程及调整过程正确	5	调整过程有错误扣1～5分
	5. 记录报告	记录要求完整、正确	3	记录不完整扣1～3分

编　号	C03A012	行为领域	e	鉴定范围	2
考核时间	30min	题　型	A	题　分	20分
试题正文	1151型差压变送器的安装				

需要说明的问题和要求	1. 要求单独完成 2. 需要协助时可向考评员申请，由考评员指定协助人员 3. 要求安全文明生产
工具、材料、设备、场地	1. 10、12in扳手，一字螺丝刀 2. 变送器安装配件
操作步骤	1. 正确开工作票，在安装托架上安装变送器，拧上紧固螺栓 2. 将变送器用U形螺栓固定在现场安装架上 3. 垂直或水平将导压管的高压侧与变送器的"H"侧连接 4. 垂直或水平将导压管的低压侧与变送器的"L"侧连接 5. 将工作电源（+、−）与变送器的接线端（+、−）连接 6. 先打开变送器组阀的平衡阀，再缓慢打开高、低压侧工作阀 7. 关闭平衡阀，变送器投入使用，终结工作票

评分标准	项目名称	质量要求	满分	扣　分
	1. 变送器选型	要求选型正确	1	选型错误扣1分
	2. 安装前的安措	（1）开好工作票 （2）做好技术措施	3 1	工作票没开扣20分 没做技术措施扣20分
	3. 安装质量	（1）做到管路连接正确 （2）安装顺序正确 （3）安装结束做到无泄漏 （4）做到美观、大方	5 2 2 1	管路接错扣5分 顺序错误扣5分 有泄漏扣5分 欠美观扣1～3分
	4. 安装后的测试	要求变送器安装后的测量值与现行工况相对应，终结工作票	5	测量值与工况不对应扣5分，未终结工作票扣2分

编　号	C03A013	行为领域	e	鉴定范围	3
考核时间	30min	题　型	A	题　分	20分

试题正文	阀门限位开关更换及调整

需要说明的问题和要求	1. 要求单独完成 2. 需要协助时可向考评员申请，由考评员指定协助人员 3. 要求安全文明生产

工具、材料、设备、场地	1. 剖线钳一把，内六角一套，斜口钳一把，大、小螺丝刀各一把，10in 扳手两把，8in 扳手一把，管钳一把 2. 接线鼻子若干，电缆扎带（或扎线）若干，生料带一盒，绝缘胶布一卷 3. 限位开关一个 4. 工作现场

操作步骤	1. 工作票许可，安措完成 2. 隔离须更换限位开关的阀门气源，解开中间接线箱端子排上的限位开关接线 3. 用管钳把限位开关的护套管接头拆开，拆除限位开关上的电线 4. 用扳手松开限位开关的固定螺丝，把限位开关拆下 5. 把新的限位开关固定，接上电线，并用管钳把护套管接好 6. 阀门定位于 0，调整全关开关刚好动作，用内六角固定其行程开关 7. 或者阀门定位于 100%，调整全开开关刚好动作，用内六角固定其行程开关 8. 清除接线垃圾，工作票终结

	项 目 名 称	质 量 要 求	满分	扣　分
评分标准	1. 工作票办理	工作票填写正确、得到许可	4	未办理工作票扣 20 分，未终结工作票扣 2 分
	2. 电缆护套管连接及接线	（1）护套管连接牢固	2	不牢固扣 1～2 分
		（2）接线正确	4	不正确扣 20 分
	3. 限位开关固定	牢固	2	不牢固扣 1～2 分
	4. 使用工具及操作	（1）工具使用正确	3	不正确扣 1～3 分
		（2）操作熟练	2	操作不熟练扣 1～2 分
	5. 限位开关摆杆动作回差	小	3	回差大扣 1～3 分

行业：电力工程　　　工种：热工自动装置检修　　　等级：高

编　　号	C03A014	行为领域	e	鉴定范围	3
考核时间	30min	题　型	A	题　　分	20分
试题正文	AB-PLC5 可编程控制器模块熔丝检查更换				

需要说明的问题和要求	1. 要求单独完成 2. 需要协助时可向考评员申请，由考评员指定协助人员 3. 要求安全文明生产
工具、材料、设备、场地	1. 尖嘴钳一把，螺丝刀一把，万用表一块 2. 熔丝若干 3. AB-PLC5 可编程控制器一台 4. 工作现场
操作步骤	1. 工作票许可，安措完成 2. 通过肉眼检查 AB-PLC5 输出模块的 FUSE BROWN 灯是否亮 3. 拔出 FUSE BROWN 灯的模块 4. 用螺丝刀拧开模块的盖板螺丝，用万用表的电阻挡逐一检查安装在模块中的熔丝 5. 对熔丝两端测量电阻很大的熔丝，用尖嘴钳拔出熔丝，更换成同容量的熔丝 6. 盖上模块的盖板，用螺丝固定，插入模块机架中（必须先消除引起熔丝断的缺陷） 7. 工完场清，终结工作票

评分标准	项目名称	质量要求	满分	扣　分
	1. 工作票办理	工作票填写正确、得到许可	4	未办理工作票扣 20 分，未终结工作票扣 2 分
	2. 更换熔丝	（1）判断准确 （2）插、拔模块到位	5 4	不准确扣 20 分 不到位扣 1～4 分
	3. 使用工具及操作	（1）工具使用正确 （2）操作熟练	4 3	不正确扣 4 分 不熟练扣 1～3 分

行业：电力工程　　　工种：热工自动装置检修　　　等级：高

编　　号	C03A015	行为领域	e	鉴定范围	3
考核时间	30min	题　型	A	题　分	20分

试题正文	DCS系统操作站通信电缆检查紧固

需要说明的 问题和要求	1. 要求单独完成 2. 需要协助时可向考评员申请，由考评员指定协助人员 3. 要求安全文明生产

工具、材料、 设备、场地	1. 中型扳手两把，记号笔一支 2. 电缆扎带（或扎线）若干，电缆固定片若干 3. DCS系统操作站一台 4. 工作现场

操 作 步 骤	1. 开工作票，对DCS系统操作站各通信电缆进行紧固 2. 检查所有DCS系统操作站的通信电缆接头，特别是接头内的屏蔽线须固定扎实 3. 将通信电缆固定在机架上，避免由于自由垂落而发生通信故障，影响系统正常运行 4. 检查所有DCS系统操作站通信卡A、B路通信指示灯显示正常，并在CRT系统诊断画面上查看 5. 在CRT系统诊断画面上确认所有PLC就地柜通信正常，终结工作票

评 分 标 准	项目名称	质量要求	满分	扣　分
	1. 开工作票，通信电缆的检查整齐、固定，接头牢固	（1）按要求开具工作票和终结工作票	3	未开工作票扣20分，未终结工作票扣2分
		（2）安放整齐	3	不整齐扣1~3分
		（3）固定扎实	3	不扎实扣1~3分
		（4）接头紧固	3	不紧固扣1~3分
	2. 使用工具及操作	（1）工具使用正确	3	不正确扣3分
		（2）操作熟练	2	不熟练扣1~2分
	3. 系统通信	正常	3	不正常扣3分

编　　号	C03A016	行为领域	e	鉴定范围	3
考核时间	30min	题　　型	A	题　　分	20分
试题正文	分散控制系统卡件检查更换				
需要说明的问题和要求	1. 要求单独完成 2. 需要协助时可向考评员申请，由考评员指定协助人员 3. 要求安全文明生产				
工具、材料、设备、场地	1. 螺丝刀一把，万用表一只，控制接线图，防静电设备一个 2. 分散控制系统卡件相应的卡件一块 3. 分散控制系统卡件一套 4. 电子室、编程室				
操作步骤	1. 开工作票，在 DCS 系统显示画面查找显示值出错，而就地送来信号正常 2. 根据出错信号在工程师站上查找出输入通道编号，做好防静电措施 3. 找出相应型号的 DCS 系统卡件 4. 在 DCS 系统控制柜中根据卡件的编号找出该卡件 5. 用螺丝刀旋下卡件的固定螺丝，更换卡件 6. 回到 DCS 系统显示画面观看显示信号是否正常 7. 若正常说明 DCS 系统卡件已坏，若不正常再找其他原因直至正确，最后终结工作票				

	项目名称	质量要求	满分	扣　　分
评分标准	1. 工作票和DCS系统卡件选型	（1）工作票正确得到许可，正确终结 （2）卡件要求选型正确	5 3	未开工作票扣 20分，未终结工作票扣2分 选型错误扣20分
	2. 通道卡件查找	迅速 准确	4 4	不迅速扣1～4分 不准确扣4分
	3. 卡件安装	做好防静电措施和卡件安装牢固	4	未做好防静电措施扣20分，不牢固扣4分

行业：电力工程　　　工种：热工自动装置检修　　　等级：高

编　　号	C03A017	行为领域	e	鉴定范围	3
考核时间	30min	题　型	A	题　分	20分

试题正文	气动挡板的气锁装置更换

需要说明的问题和要求	1. 要求单独完成 2. 需要协助时可向考评员申请，由考评员指定协助人员 3. 要求安全文明生产

工具、材料、设备、场地	1. 12in扳手两把，8in扳手一把，内六角一把 2. 生料带一盒 3. 气动挡板气锁装置一套 4. 工作现场

操作步骤	1. 工作票许可，安措完成 2. 隔离须更换气锁装置的气动挡板的气源，拧松气源隔离阀后的接头把气泄光 3. 用扳手把气锁装置的管接头拆开，用内六角拧开气锁装置的固定螺丝 4. 拆除旧的气锁装置 5. 用内六角把新的气锁装置固定，并用扳手把气锁装置的气管路接头接好 6. 拧紧气源隔离阀后的接头，开启气源隔离阀，终结工作票

评分标准	项目名称	质量要求	满分	扣　分
	1. 更换前的安措	（1）开好工作票 （2）做好安全技术措施	3 3	工作票没开扣20分 未做好技术措施扣20分
	2. 更换质量	（1）做到管路连接正确 （2）安装顺序正确 （3）气锁装置固定牢固 （4）做到美观、大方不漏气	4 3 2 1	不正确扣4分 不正确扣3分 不牢固扣1~2分 不美观扣1分
	3. 更换后的测试和终结工作票		4	漏气扣4分，未终结工作票扣2分

行业：电力工程　　　工种：热工自动装置检修　　　等级：高/技师

编　　号	C32A018	行为领域	e	鉴定范围	3
考核时间	30min	题　型	A	题　　分	20分
试题正文	分散控制系统主控制卡的冗余切换				

需要说明的问题和要求	1. 要求单独完成 2. 需要协助时可向考评员申请，由考评员指定协助人员 3. 要求安全文明生产
工具、材料、设备、场地	1. 万用表表针一个，防静电装置或设备一个 2. 分散控制系统一套 3. 电子室、编程室
操作步骤	1. 开工作票，做好防静电措施，检查主、备卡件，正确区分主、备卡件 2. 用表针将当前主卡件切换为备卡件，当前备卡件转为主卡件 3. 在工程师站检查卡件是否工作正常，主、备卡件是否已正确切换 4. 用表针将当前主卡件切换为备卡件，备卡件转为主卡件 5. 在工程师站检查卡件是否工作正常，主、备卡件是否已正确切换 6. 终结工作票

评分标准	项 目 名 称	质 量 要 求	满分	扣　　分
	1. 开工作票和操作步骤	（1）正确开好工作票	5	未开工作票扣20分，未终结工作票扣2分
		（2）操作正确	10	操作不正确扣10
	2. 切换结果	卡件功能正常	5	不正常扣5分

258

编　号	C32A019	行为领域	e	鉴定范围	3
考核时间	30min	题　型	A	题　分	20分
试题正文	处理器模块的程序后备电池更换（以PLC5为例）				

需要说明的问题和要求	1. 要求单独完成 2. 需要协助时可向考评员申请，由考评员指定协助人员 3. 要求安全文明生产
工具、材料、设备、场地	1. 尖嘴钳一把，螺丝刀一把 2. 专用锂电池一个 3. PLC5可编程控制器处理器模块一块 4. 工作现场
操作步骤	1. 工作票许可 2. 通过肉眼检查AB-PLC5的处理器模块的"LOW BATT"灯亮 3. 通过肉眼检查AB-PLC5的处理器模块的"PROC"灯亮 4. 用螺丝刀拧开电池模块的盖板螺丝 5. 打开盖板，用尖嘴钳拔出电池，更换成同型号的电池 6. 盖上模块的盖板，用螺丝固定 7. 通过肉眼检查AB-PLC5的处理器模块的"LOW BATT"灯灭 8. 工完场清，终结工作票

评分标准	项目名称	质量要求	满分	扣　分
	1. 更换前的安措	（1）开好工作票 （2）做好安全技术措施	3 3	工作票没开扣20分 未做好技术措施扣20分
	2. 电池的更换	（1）电池插入到位 （2）盖板螺丝不能松动	5 4	不到位扣5分 盖板螺丝松动扣4分
	3. 工具使用正确和终结工作票	（1）工具使用正确 （2）终结工作票	3 2	不正确扣3分 未终结工作票扣2分

编　号	C02A020	行为领域	e	鉴定范围	3
考核时间	30min	题　型	A	题　分	20分
试题正文	更换DEH控制系统的CRT显示器（同一型号）				
需要说明的问题和要求	1. 要求单独完成 2. 需要协助时可向考评员申请，由考评员指定协助人员 3. 要求安全文明生产				
工具、材料、设备、场地	1. 螺丝刀一把，放置计算机主机的柜门钥匙一把 2. 新CRT一台 3. 集控室				
操作步骤	1. 开工作票 2. 退出计算机上的所有应用软件，关机 3. 用钥匙打开放置计算机主机的柜门 4. 将计算机电源关掉 5. 更换新的CRT，重新连接CRT电源线，串行口连接电缆，并用螺丝刀拧紧 6. 重新将计算机电源合上 7. 启动计算机和机上应用软件 8. 关闭放置计算机主机的柜门 9. CRT更换完成，终结工作票				

评分标准	项 目 名 称	质 量 要 求	满分	扣　　分	
	1. 更换前的安措	（1）开好工作票	3	工作票没开扣20分，未终结工作票扣2分	
		（2）做好安全技术措施	3	未做好技术措施扣20分	
	2. CRT更换	（1）接线牢固 （2）操作正确	4 5	不牢固扣4分 不正确扣5分	
	3. 更换后测试	CRT显示功能正常	5	不正常扣5分	

行业：电力工程　　工种：热工自动装置检修　　等级：技师/高级技师

编　号	C21A021	行为领域	e	鉴定范围	3
考核时间	30min	题　型	A	题　分	20分
试题正文	DCS控制系统主控制卡备用卡件故障复位				

需要说明的问题和要求	1. 要求单独完成 2. 需要协助时可向考评员申请，由考评员指定协助人员 3. 要求安全文明生产
工具、材料、设备、场地	1. 万用表表针一只，防静电装置或设备一个 2. 分散控制系统一套 3. 电子室、编程室
操作步骤	1. 开好工作票，做好防静电措施，检查DCS系统卡件状态，若DCS控制系统主控制卡备用卡件有故障指示，应立即去电子室DCS系统机柜检查故障卡件 2. 到电子室的DCS系统机柜检查故障卡件状态灯的指示 3. 按照DCS系统要求确认复位 4. 如需复位，用万用表表针在故障的DCS系统卡件复位孔上复位 5. 根据DCS系统卡件的要求确认正常 6. 在DCS系统工程师站上显示正常，无故障报警，终结工作票

评分标准	项目名称	质量要求	满分	扣　分
	1. 操作步骤	（1）开工作票	6	未开工作票扣20分，未终结工作票扣2分
		（2）判断准确，步骤正确	10	不正确扣5～10分
	2. 复位结果	卡件功能正常	4	不正常扣4分

行业：电力工程　　工种：热工自动装置检修等级：技师/高级技师

编　　号	C21A022	行为领域	e	鉴定范围	3
考核时间	30min	题　　型	A	题　　分	20分
试题正文	PLC软件在线修改（以MODICON GS984为例）				
需要说明的 问题和要求	1. 要求单独完成 2. 需要协助时可向考评员申请，由考评员指定协助人员 3. 要求安全文明生产				
工具、材料、 设备、场地	1. GS984 PLC编程器一台 2. MODICON GS984可编程控制器一套 3. 编程室、电子室				
操 作 步 骤	1. 开好工作票，打开编程器并进入ONLINE画面 2. 按F1进入LADDER画面 3. 找到并进入需要修改的网络号，按F3进入编辑状态 4. 修改完逻辑，按F10下载，按F3替换原来的逻辑 5. 如果有冗余主机，需要对备用机进行同样的操作，并重新建立冗余 6. 退出在线组态画面，终结工作票				

	项目名称	质量要求	满分	扣　　分
评 分 标 准	1. 开工作票	按要求开工作票	5	未开工作票扣20分，未终结工作票扣2分
	2. 逻辑修改和备用机冗余建立	（1）操作步骤正确 （2）备用冗余建立	2 3	不正确扣2分 未建立扣3分
	3. 软件测试	软件功能正常	10	不正常扣10分

262

行业：电力工程　　工种：热工自动装置检修　　等级：技师/高级技师

编　　号	C21A023	行为领域	e	鉴定范围	3
考核时间	30min	题　　型	A	题　分	20分
试题正文	PLC软件备份（以MODICON GS984为例）				
需要说明的问题和要求	1. 要求单独完成 2. 需要协助时可向考评员申请，由考评员指定协助人员 3. 要求安全文明生产				
工具、材料、设备、场地	1. GS984编程器 2. 磁盘、工作票 3. MODICON GS984可编程控制器一套 4. 编程室、电子室				
操 作 步 骤	1. 开好工作票，在GS984编程器上进入GS984软件，按F1进入ONLINE方式 2. 按F3进入磁盘控制画面，选SAVE按钮进行LADDER软件备份 3. 输入备份文件名，文件名须符合DOS系统文件名定义 4. 按CONFIRM进行备份工作 5. 备份结束，按ESC键退出GS984软件 6. 将新生成的备份文件拷贝到软盘中，终结工作票				

评 分 标 准	项目名称	质量要求	满分	扣　分
	1. 开工作票	开好工作票	5分	未开工作扣20分，未终结工作票扣2分
	2. 操作步骤是否正确	正确	8分	不正确扣1~8分
	3. 拷贝文件是否正确	正确	7分	不正确扣1~7分

编　号	C21A024	行为领域	e	鉴定范围	3
考核时间	30min	题　型	A	题　分	20分
试题正文	分散控制系统编辑画面的传输（以 INFI-90 控制为例）				
需要说明的问题和要求	1. 要求单独完成 2. 需要协助时可向考评员申请，由考评员指定协助人员 3. 要求安全文明生产				
工具、材料、设备、场地	1. 无 2. 3.5in 软盘一张 3. EWS（工程师工作站）、OIS（操作员站） 4. 编程室、集控室				
操作步骤	1. 开工作票，在 OIS 上将要传输的画面关闭（要检查所有打开的画面是否关闭） 2. EWS 上将画面修改后保存，选中要传输的画面".DR"文件 3. 将要传输的画面转换成".DT"文件 4. 选择"DISPLAY"菜单下的"广播传输"功能，EWS 上弹出要传输 OIS 的对话框 5. 输入 OIS 的编号，按"OK"键 6. 等待画面传输完毕，按 EWS 上的确认键，关闭传输窗口，终结工作票				

评分标准	项目名称	质量要求	满分	扣　分
	1. 开工作票	开好工作票	5分	未开工作票扣20分，未终结工作票扣2分
	2. 画面传输	（1）步骤正确 （2）".DR"文件转换成".DT"文件正确	5分 5分	不正确扣1~5分 不正确扣5分
	3. 传输后画面功能测试	显示正常	5分	不正常扣5分

编　　号	C02A025	行为领域	e	鉴定范围	1
考核时间	30min	题　　型	A	题　分	20分

试题正文	校验室校验动圈表
需要说明的问题和要求	1. 要求单独完成 2. 需要协助时可向考评员申请，由考评员指定协助人员 3. 要求安全文明生产
工具、材料、设备、场地	1. TRANSMATION 信号发生器一只，螺丝刀、笔等工具 2. 校验室
操作步骤	1. 解掉动圈表的现场接线 2. 将信号发生器输出端连接到动圈表的信号输入端上 3. 输入 4～20mA 信号进行校验 （1）上行程分别输入 4、8、12、16mA 和 20mA，读出所对应的测量值，并作好记录 （2）下行程分别输入 20、16、12、8mA 和 4mA，读出所对应的测量值，并作好记录 4. 判断记录仪是否合格，若合格则解掉校验回路，恢复动圈表的现场接线，若不合格则更换新的动圈表 5. 整理校验记录

评分标准	项 目 名 称	质 量 要 求	满分	扣　　分
	1. 校验工具准备	校验工具的选择要正确无误	2	选择错误扣1～2分
	2. 接线	接线要求正确、清晰	3	接线错误扣3分
	3. 设定校验点	校验点设定正确、熟练	4	校验点设定不正确扣1～4分
	4. 设定记录校验位置	校验位置设定正确	4	校验位置设定错误扣4分
	5. 读数	读数正确、符合规范	4	读数不规范扣1～4分
	6. 技术记录	技术记录完整、清晰、正确	3	记录不全扣1～3分

行业：电力工程　　　工种：热工自动装置检修　　　等级：高级技师

编　号	C01A026	行为领域	e	鉴定范围	1
考核时间	30min	题　型	A	题　分	20分
试题正文	用FLUKE 744向仪器提供回路电源				

需要说明的问题和要求	1. 要求单独完成 2. 需要协助时可向考评员申请，由考评员指定协助人员 3. 要求安全文明生产
工具、材料、设备、场地	1. FLUKE 744 一只 2. 连接导线若干 3. 校验室
操作步骤	1. 打开FLUKE 744电源 2. 连接校准仪与仪表的电流回路，连线需正确 3. 按SETUP选择设置方式 4. 注意，随后出现的LOOP POWER（回路电源）光标对着DISABLED（禁止），按ENTER键 5. 使用上下键选择24V，按ENTER键，回路电源产生

评分标准	项目名称	质量要求	满分	扣　分
	1. 接线	要求接线正确无误	10	接线错误扣10分
	2. 设置	要求设置正确	10	设置错误扣10分

4.2.2 多项操作

行业：电力工程　　　工种：热工自动装置检修　　　等级：初

编　号	C05B001	行为领域	e	鉴定范围	3
考核时间	30min	题　型	B	题　分	30 分

试题正文	化水系统气动阀门上的电磁阀更换
需要说明的问题和要求	1. 要求单独完成 2. 需要协助时可向考评员申请，由考评员指定协助人员 3. 要求安全文明生产
工具、材料、设备、场地	1. 剖线钳一把，压线钳一把，斜口钳一把，螺丝刀一把，10in 扳手两把，8in 扳手一把，管钳一把 2. 接线鼻子若干，标签套套若干，电缆扎带（或扎线）若干，生料带一盒 3. 电磁阀一个 4. 工作现场
操作步骤	1. 工作票许可，安措完成 2. 隔离须更换电磁阀的阀门气源，解开端子排上的电磁阀接线 3. 用扳手把电磁阀的管接头拆开，用管子钳松开电磁阀的固定螺丝，把电磁阀拆下 4. 用管钳把新的电磁阀固定，并用扳手把电磁阀的气管路接头接好，开启隔离的气源 5. 用剖线钳剖出电磁阀引出线的电缆芯 6. 用记号笔在标签套上写上该电缆的端子号、图号、信号编号，并套在电缆线上 7. 套上接线鼻子，并用压线钳将导线压住 8. 用螺丝刀将导线接在端子上 9. 清除接线垃圾 10. 检查相应模块的熔丝，若不好，更换，最后终结工作票

评分标准	项目名称	质量要求	满分	扣　分
	1. 更换前的安措	开好工作票，做好安全技术措施	5	工作票没开扣30分，未终结工作票扣 2 分
	2. 更换质量	（1）做到管路连接正确	5	不正确扣 5 分
		（2）安装顺序正确	3	不正确扣 3 分
		（3）电磁阀固定牢固	3	不牢固扣 1～3 分
		（4）做到美观、大方	2	不美观扣 1～2 分
	3. 使用工具及操作	（1）工具使用正确	4	不正确扣 4 分
		（2）操作熟练	3	不熟练扣 1～3 分
	4. 更换后的测试	不漏气	5	漏气扣 5 分

行业：电力工程　　工种：热工自动装置检修　　　　等级：初

编　　号	C05B002	行为领域	e	鉴定范围	1
考核时间	30min	题　型	B	题　分	30 分

试题正文	对一只新的智能型变送器进行组态并校验，精度为 0.5 级（以 ROSEMOUNT 为例）

需要说明的问题和要求	1. 要求单独完成 2. 需要协助时可向考评员申请，由考评员指定协助人员 3. 要求安全文明生产

工具、材料、设备、场地	1. FLUKE 多功能过程校验仪一台，ROSEMOUNT 手操器一只，配套气泵一只，允许误差为±20×0.5%=±0.1（mA） 2. 生料带一盒 3. ROSEMOUNT 变送器一台 4. 校验室

操作步骤	1. 将变送器、校验仪、气泵及手操器正确地连接好 2. FLUKE 校验仪的操作：打开电源，选好回路供电电源 24V，选择测量挡为 mA，输出挡为 kPa 3. 检查零压力时，FLUKE 校验仪输出压力显示是否为 0kPa，若不是，则按压 "CLEAR ZERO" 键使输出为 0kPa 4. 打开手操器电源，自动读取变送器原始组态，进入 "Ready" 状态 5. 变送器组态：按 "CONFIG" 键，进入组态方式，按照提示完成组态 6. 变送器校验。按 "CALIBRATE" 键，进入校验方式：① 输入低限压力信号，按 "ENTER" 键，将自动调整变送器的零位到 4mA；② 输入高限压力信号，按 "ENTER" 键，将自动调整变送器的零位到 20mA；③ 在低限到高限之间均匀地选取若干个压力点，分别从小到大输入不同的压力值，读取对应的输出电流值；分别从大到小输入不同的压力值，同样读取对应的输出电流值 7. 整理校验记录，判断变送器合格与否

评分标准	项 目 名 称	质 量 要 求	满分	扣　　分
	1. 校验工具	要求正确准备好校验工具	5	校验工具不够正确扣 1～5 分
	2. 接线正确	要求正确接线	5	接线不正确扣 5 分
	3. 变送器组态	要求能正确、熟练地对变送器组态	10	组态不正确、不熟练扣 1～10 分
	4. 变送器校验	要求能正确、熟练地进行变送器的校验	5	校验不正确、不熟练扣 1～5 分
	5. 技术记录	要求技术记录完整、清晰、正确	5	技术记录不完整扣 1～5 分

行业：电力工程　　工种：热工自动装置检修　　　　等级：中

编　号	C04B003	行为领域	e	鉴定范围	3
考核时间	30min	题　型	B	题　分	30 分

试题正文	高能点火器点火头的更换

需要说明的问题和要求	1. 要求单独完成 2. 需要协助时可向考评员申请，由考评员指定协助人员 3. 要求安全文明生产

工具、材料、设备、场地	1. 10in 扳手两把，8in 扳手一把，管钳一把，英制内六角一套 2. 高能点火头一支 3. 工作现场

操作步骤	1. 工作票许可，安措完成 2. 隔离须更换高能点火器点火头的驱动气缸气源 3. 就地点火器控制盘的按钮切到 OFF 位置 4. 用内六角扳手松开点火枪的固定螺丝，并作好记号 5. 用手拧开点火枪与电缆的接头 6. 用手拔出高能点火枪 7. 用扳手拧开高能点火枪上的点火头，更换新的点火头并固定 8. 用手插入高能点火枪，插入距离以记号为准 9. 用内六角扳手拧紧点火枪的固定螺丝，接上点火枪与电缆的接头 10. 开启隔离的气源，就地将点火器控制盘的按钮切到 REMOTE 位置，最后终结工作票

评分标准	项目名称	质量要求	满分	扣　分
	1. 更换前的安措	（1）开好工作票	3	工作票没开扣30分，未终结工作票扣 2 分
		（2）做好安全技术措施	3	未做好技术措施扣 30 分
	2. 更换质量	（1）定位螺丝的位置记号清楚不遗漏	4	不清楚扣 1～4 分遗漏扣 4 分
		（2）更换顺序正确	4	不正确扣 1～4 分
		（3）点火头和点火枪固定牢固	4	不牢固扣 1～4 分
	3. 更换后的测试	点火功能正常	5	不正常扣 5 分
	4. 使用工具及操作	（1）工具使用正确	4	不正确扣 4 分
		（2）操作熟练	3	不熟练扣 1～3 分

行业：电力工程　　　　工种：热工自动装置检修　　　　等级：中

编　　号	C04B004	行为领域		e	鉴定范围	3
考核时间	30min	题　　型		B	题　　分	30 分
试题正文	电接点水位计的电极泄漏处理					
需要说明的问题和要求	1. 要求单独完成 2. 需要协助时可向考评员申请，由考评员指定协助人员 3. 要求安全文明生产					
工具、材料、设备、场地	1. 老虎钳一把，19～21in 梅花扳手一把 2. 除锈剂一罐 3. 电接点水位计电极一个 4. 工作现场					
操作步骤	1. 工作票许可，安措完成 2. 撤出电接点水位计的汽包水位高二值和低二值保护 3. 用手背面接触电接点水位计的容器，冷却到室温后可以工作 4. 拆除电极的接线，用梅花扳手松开固定电极的 4 颗螺母，注意应对角松开 5. 拆出 4 颗螺母后，拆出旧电极，不可遗漏里面的垫圈 6. 安装密封垫圈后再装电极 7. 套上固定压块，拧紧螺母，注意应对角拧紧，接上电极的接线 8. 运行人员恢复安措 9. 确认电极无泄漏，恢复电接点水位计的汽包水位高二值和低二值保护，终结工作票					

	项 目 名 称	质 量 要 求	满分	扣　　分
评分标准	1. 处理前的安措	开好工作票	6	工作票没开扣 30 分，未终结工作票扣 2 分
	2. 信号强制	（1）信号查找正确	4	查找错误扣 30 分
		（2）强制无误	4	强制错误扣 30 分
	3. 电极更换 （1）拆、紧螺母应对角进行 （2）更换后密封性 （3）接线	正确 正确、牢固 无漏气 正确	4 4 2 1	不正确扣 4 分 不牢固扣 1～2 分 漏气扣 4 分 不正确扣 1 分
	4. 使用工具及操作	（1）工具使用正确	3	不正确扣 3 分
		（2）操作熟练	2	不熟练扣 1～2 分

270

行业：电力工程　　　工种：热工自动装置检修　　　等级：中

编　　号	C04B005	行为领域	e	鉴定范围	1
考核时间	30min	题　　型	B	题　　分	30分

试题正文	氧化锆两点校验（以 RY-1000 型为例）

需要说明的问题和要求	1. 要求单独完成 2. 需要协助时可向考评员申请，由考评员指定协助人员 3. 要求安全文明生产

工具、材料、设备、场地	1. 螺丝刀一把，记号笔，扳手一把，老虎钳一把 2. 两种不同含氧浓度的标准试验气体 3. RY-1000 型氧化锆一台 4. 校验室

操作步骤	1. 按接线图正确连接探头和电缆 2. 接通气泵电源，检查气泵是否工作，然后将气泵出气孔与探头参比器进气孔用气管连接 3. 将分析仪微动开并 2 路处于 OFF 状态，合上分析仪电源 4. 当温度上升接近 700℃ 时，观察氧浓度值的变化 5. 氧量稳定约 1h 后，可进行标准气体检验和校验 6. 最好进行两点校准，如果没有标准气，可直接进行单点校准（单点校准所用的气体是含氧 20.60% 的空气）校准步骤如下： （1）在测量状态下，按 PROG 键，然后键入出厂密码 "0000"，按 ENTER 键，进入编程状态 （2）按→键，显示屏显示 "CALIBRATION？" 后，按 ENTER 键，将试验气 1 通入传感器，用流量计上的调节阀将进气流量调至 1000cc/min （3）按→键，开始用标气 1（20.60%）进行校准，同时显示屏显示标准时间及氧电动势的输出 mV 值，如在 300s 内，mV 值波动小于 ±0.5mV，则校准结束，电脑自动将 mV 值记忆在存储器中，如波动不小于 ±0.5mV，计时器复位重新计时 （4）标气 1 校准结束后，自动进入标气 2 的校验（2.06%），将标气 2 通入传感器，用调节阀将流量调至 1000cc/min （5）按→键，开始标气 2 的校准，同样稳定 300s 后，电脑将 mV 值存储在存储器中，校验结束 7. 校验结束后，恢复接线及气管路，并作好相应记录

评分标准	项目名称	质量要求	满分	扣　分
	1. 探头及电缆接线	要求接线正确无误	8	接线错误扣 8 分
	2. 分析仪操作	要求分析仪操作正确、熟练	8	操作有错误扣 1～8 分
	3. 校准方法及步骤	校验方法及步骤正确	9	校验方法有错误扣 1～9 分
	4. 技术记录	技术记录完整、清晰	5	记录不完整扣 1～5 分

行业：电力工程　　工种：热工自动装置检修　　等级：高

编　号	C03B006	行为领域	e	鉴定范围	1
考核时间	30min	题　型	B	题　分	30分

试题正文	本特利3300/16振动卡件报警点和危险点调整

需要说明的问题和要求	1. 要求单独完成 2. 需要协助时可向考评员申请，由考评员指定协助人员 3. 要求安全文明生产

工具、材料、设备、场地	1. 螺丝刀一把 2. 3300/16振动装置一套 3. 电子室

操作步骤	1. 工作票许可 2. 打开前面板 3. 调整警告或危险报警点时，置调整通道A开关（AA）于左侧（ON） 4. 面板上看到左面A通道的振动信号开始闪动 5. 调整警告或危险报警点时，按下并按住前面板上的"ALERT"或"DANGER"键 6. 按下系统监测器上的（↑）或（↓）键，将警告或危险报警点调高或调低，终结工作票

评分标准	项目名称	质量要求	满分	扣　分
	1. 调整前的安措	开好工作票	6	未开工作票扣30分，未终结工作票扣2分
	2. 定值调整	（1）步骤准确 （2）操作熟练	8 6	不准确扣8分 不熟练扣1～6分
	3. 功能测试	（1）报警功能正常 （2）跳闸功能正常	5 5	不正常扣5分 不正常扣5分

行业：电力工程　　工种：热工自动装置检修　　等级：高/技师

编　号	C32B007	行为领域	e	鉴定范围	1
考核时间	30min	题　型	B	题　分	30分
试题正文	分散控制系统 E 型热电偶输入调整卡校验（以 MOD300 控制系统为例）				
需要说明的问题和要求	1. 要求单独完成 2. 需要协助时可向考评员申请，由考评员指定协助人员 3. 要求安全文明生产				
工具、材料、设备、场地	1. 一字螺丝刀一把，钟表螺丝刀一把，万用表一只，0～50℃标准温度计一根，控制接线图一本 2. 连接导线一对 3. 标准毫伏信号发生器一只、E 型热电偶输入调整卡一块 4. 电子室、编程室				
操作步骤	1. 开好工作票，安措完成。打开 CCS 热电偶调整卡柜门，把温度计挂到被校热电偶输入补偿导线旁边 2. 待温度计指示的温度稳定后，记录当时室温 3. 拆除被校热电偶调整卡端子上的热电偶补偿导线，并连上毫伏发生器 4. 把万用表打到 20V 直流挡，把两表棒插入调整卡输出测试孔 5. 计算出当时室温对应的毫伏值，把此毫伏值的负值输入给调整卡，调整零位电位器 6. 使万用表指示为 1V，温度信号在 CRT 上指示为 0℃ 7. 输入满量程对应的毫伏值减去室温对应的毫伏值，调整满量程电位器 8. 使万用表指示为 5V，温度信号在 CRT 上指示为满量程温度值 9. 零位、满量程来回校验几次，直至其精度达到 0.5 级以上 10. 同时检查中间几点校验点，其精度也应达到 0.5 级以上，并对校验情况作详细记录，最后终结工作票				

评分标准	项　目　名　称	质　量　要　求	满分	扣　　分
	1. 开工作票	开好工作票，完成安措	2	未开工作票扣 30 分，未终结工作票扣 2 分
	2. 毫伏信号发生器使用及温度计选择	要求熟练使用毫伏信号发生器，温度计选型正确	5	不会使用扣 5 分
	3. 检定点的确定	正确选取 5 点	3	不完全正确扣 1～2 分
	4. 被校热电偶调整卡的冷端温度补偿计算	正确	5	不正确扣 5 分
	5. 在 CRT 上的示值和标准毫伏信号发生器读数	读数正确、符合规范	10	读数不规范扣 1～10 分
	6. 技术记录完整、清晰、正确	技术记录完整、清晰、正确	5	记录不全扣 1～5 分

编　　号	C03B008	行为领域	e	鉴定范围	1
考核时间	30min	题　型	B	题　　分	30分
试题正文	执行机构位置发生器现场调整（以 Rotork 为例）				
需要说明的问题和要求	1. 要求单独完成 2. 需要协助时可向考评员申请，由考评员指定协助人员 3. 要求安全文明生产				
工具、材料、设备、场地	1. 斜口钳一把，螺丝刀一把 2. 短接线两对 3. Rotork 执行机构一台，4～20mA 信号发生器一台，万用表一块 4. 工作现场				
操作步骤	1. 开好工作票，做好安措 2. Rotork 执行机构指令接线处接上 4～20mA 信号发生器 3. 输入 0，调节位置发生器调零电阻 4. 输入 100%，调节位置发生器满度电阻 5. 再次进行 2 步调整，重复 1、2，直到 0、100%刻度正确为止 6. 终结工作票				

评分标准	项 目 名 称	质 量 要 求	满分	扣　分
	1. 开工作票	开好工作票，安措正确完善	6	未开工作票扣30分，未终结工作票扣2分
	2. 连线	正确	2	不正确扣2分
	3. 调整	步骤正确 精度符合要求	8 5	不正确扣1～8分 不符合扣5分
	4. 读数	读数正确、符合规范	5	读数不规范扣 1～5分
	5. 技术记录完整、清晰、正确	技术记录完整、清晰、正确	4	记录不全扣1～4分

行业：电力工程　　工种：热工自动装置检修　　等级：高

编　　号	C03B009	行为领域	e	鉴定范围	1
考核时间	30min	题　型	B	题　分	30分
试题正文	现场修改智能型变送器量程（以 ROSEMOUNT 的 1151 变送器为例）				

需要说明的问题和要求	1. 要求单独完成 2. 需要协助时可向考评员申请，由考评员指定协助人员 3. 要求安全文明生产
工具、材料、设备、场地	1. 1151 智能型变送器一台 2. 工作现场
操作步骤	1. 开工作票，做好安措 2. 变送器信号线之间接入 375 3. 观察记录 1151 变送器的现有量程和最大量程范围 4. 通过操作 375 直接调整 1151 变送器量程 5. 终结工作票

	项 目 名 称	质 量 要 求	满分	扣　分
评分标准	1. 开工作票	开工作票，做好安措	6	未开工作票扣30分，未终结工作票扣2分
	2. 接入位置	正确	3	不正确扣3分
	3. 观察和记录	数据完整，记录正确	10	无数据记录或不完整扣1~10分
	4. 操作步骤	（1）操作步骤正确、熟练	7	不正确扣1~4分 不熟练扣1~3分
		（2）迅速	4	较慢扣1~4分

编　　号	C02B010	行为领域	e	鉴定范围	1
考核时间	120min	题　　型	B	题　　分	30 分
试题正文	检定工业用 E 型热电偶，精度要求为 1.0 级				

需要说明的 问题和要求	1. 要求单独完成 2. 需要协助时可向考评员申请，由考评员指定协助人员 3. 要求安全文明生产
工具、材料、 设备、场地	1. 铂铑 10-铂热电偶两支（热电偶精度要求：允许误差为±400×1%=±4℃，一支用来作标准热电偶，另一支用来控制炉温），数字多用表一只 2. 绝缘胶带一卷 3. GL-A 型热电偶检定炉，热工自动检定系统 RZJ 一套，晶闸管控制箱一只 4. 热工计量室
操 作 步 骤	1. 将被检热电偶与标准热电偶捆扎在一起，放入检定炉中 2. 将标准热电偶的正、负极分别接到检定系统的标准热电偶通道 VB+、VB−端子上；将被检热电偶的正、负极分别接到第一通道 V1+、V1−端子上 3. 将温度场检测热电偶也接到检定系统上 4. 调整热电偶的位置，使热电偶的热端位于检定炉的中心点，然后将炉子封好 5. 调整被检热电偶与标准热电偶冷端位置，尽量使它们靠近，以使它们的冷端处于同一温度点上 6. 打开晶闸管控制箱电源，数字多用表电源及 RZJ 热工全自动检定系统电源，启动计算机，进入热电偶检定系统 7. 热电偶检定系统的参数设定： 进入 热电偶检定 → 系统检查 → 参数设定 → a · b · c a. 标准偶参数 → 选择标准偶 → 退出 b. 被检偶参数 → 选择被检热电偶支数为 1 / 选择分度号为 E / 检定点数为 1 点 / 被检温度值为 400℃ / 其他参数为默认值 → 退出 c. 环境参数 → 输入检定员姓名 / 输入环境温度、环境湿度 → 退出 8. 等一切必要的参数设定好后，即可将系统投入自动运行，等待结果 9. 检定完毕后，打印检定结果

项目名称	质量要求	满分	扣分
	1. 校验工具准备	要求校验工具选择完整，正确	4	校验工具选择不正确扣1~4分
	2. 检定系统接线	要求接线正确、美观	4	接线错误扣4分
评分标准	3. 检定系统的参数设定	能熟练地启动检定系统，并进行检定参数的设定	10	检定系统设定不正确、不熟练扣1~10分
	4. 检定系统运行	要求将检定系统正确地投入运行	4	没有正确投入运行扣4分
	5. 检定结果打印	正确打印检定结果	4	检定结果没打印扣4分
	6. 判断热电偶合格与否	正确判断结果	4	结果判断错误扣4分

编　号	C02B011	行为领域	e	鉴定范围	3
考核时间	30min	题　型	B	题　分	30分

试题正文	气动调节阀 E/P（电/气转换器）校验
需要说明的问题和要求	1. 要求单独完成 2. 需要协助时可向考评员申请，由考评员指定协助人员 3. 要求安全文明生产
工具、材料、设备、场地	1. 电流信号发生器一个，8in扳手两把，中型一字螺丝刀一支，十字螺丝刀一支，英制内六角一套，万用表一个，0.16MPa精密气压表一个 2. 绝缘胶带一卷，生料带一盒，橡皮管几根，连接线几根 3. 气动调节阀 E/P 一台 4. 工作现场
操作步骤	1. 工作票许可，安措完成 2. 将 E/P 盖子打开，拆除输入接线，并用绝缘胶带包好，接好信号发生器 3. 将 E/P 的输出管路上并联一个精密气压表 4. CRT上发 0 的指令，当输出压力为 0.2bar（1bar=10^{5}Pa）时，调整步进电动机的低限螺钉，使低限限位开关动作，步进电动机不动 5. CRT上发 100%的指令，当输出压力为 1.0bar 时，调整步进电动机的高限螺钉，使高限限位开关动作，步进电动机不动 6. 当压力表指示为 0.2bar 时，调整 E/P 中 P/I 的量程电位器，使输出电流为 4mA 7. 当压力表指示为 1.0bar 时，调整 E/P 中 P/I 的量程电位器，使输出电流为 20mA 8. CRT 上依次给出 0、25%、50%、75%、100%指令，记录 P/I 输出的电流值 9. CRT 上依次给出 100%、75%、50%、25%、0 指令，记录 P/I 输出的电流值 10. 反复调整 4～9 步，直至误差小于 2% 11. 清除接线及垃圾，工作票终结

评分标准	项目名称	质量要求	满分	扣　分
	1. 调整前的安措	开好工作票，做好安措	4	未开工作票扣 30 分，未终结工作票扣 2 分
	2. 校验系统连接	（1）正确	5	不正确扣 5 分
		（2）简洁、美观	4	不简洁、美观扣 1～4 分
		（3）管路接头无漏气	5	漏气扣 5 分
	3. E/P 校验	（1）步骤正确	5	不正确扣 5 分
		（2）精度符合范围要求	3	达不到要求扣 1～3 分
	4. 技术记录	技术记录完整、清晰、正确	4	记录不全扣 1～4 分

行业：电力工程　　工种：热工自动装置检修 等级：技师/高级技师

编　　号	C21B012	行为领域	e	鉴定范围	1
考核时间	30min	题　　型	B	题　　分	30分
试题正文	电涡流振动探头校验				
需要说明的问题和要求	1. 要求单独完成 2. 需要协助时可向考评员申请，由考评员指定协助人员 3. 要求安全文明生产				
工具、材料、设备、场地	1. 斜口钳一把，螺丝刀一把，10in 扳手两把，8in 扳手两把 2. 绝缘胶带一卷 3. 电源信号发生器一只，标准电压表一只，振动校验台一只，电涡流振动探头一个 4. 实验室				
操作步骤	校验方法： （1）将振动探头装在振动校验台上，振动探头和被测物体之间设定一个额定间隙 （2）将振动探头连接到前置器 （3）前置器的–24V 和 COM 接至电源信号发生器的–24V 输出端，合上电源信号发生器的电源开关 （4）标准电压表直流电压挡接前置器 SINGAL 和 COM 端 （5）记录当前标准电压表和振动校验台千分尺读数 （6）调整振动校验台千分尺螺母，前后移动振动探头，每移动 20UM，记录标准电压表读数 （7）根据测的数据画出间隙和间隙电压，看是否线性和标准一致				

评分标准	项目名称	质量要求	满分	扣　　分
	1. 校验工具准备	要求校验工具选择完整、正确	5	校验工具选择不正确扣 1~5 分
	2. 校验系统安装	要求安装正确、美观	5	安装错误扣 5 分
	3. 探头校验	（1）步骤正确 （2）动作熟练	7 3	不正确扣 7 分 不熟练扣 1~3 分
	4. 千分尺、标准电压表读数	读数正确	5	读数不正确扣 1~5 分
	5. 技术记录	记录完整、清晰、无误，符合计量规定	5	记录不完整扣 1~5 分

279

行业：电力工程   工种：热工自动装置检修   等级：技师

编　号	C02B013	行为领域	e	鉴定范围	1
考核时间	30min	题　型	B	题　分	30分
试题正文	气动调节阀 I/P（电/气转换器）校验				
需要说明的问题和要求	1. 要求单独完成 2. 需要协助时可向考评员申请，由考评员指定协助人员 3. 要求安全文明生产				
工具、材料、设备、场地	1. 电流信号发生器一个，8in 扳手两把，中型一字螺丝刀一支，十字螺丝刀一支，英制内六角一套，万用表一个，0.16MPa 精密气压表一个 2. 绝缘胶带一卷，生料带一盒，橡皮管几根，连接线几根 3. 气动调节阀 I/P 一台 4. 工作现场				
操作步骤	1. 工作票许可，安措完成 2. 将 I/P 盖子打开，拆除输入接线，并用绝缘胶带包好，接好信号发生器 3. 调整 I/P 输入气压为 1.4bar（1bar=10^5Pa） 4. 将 I/P 的输出管路上并联一个精密气压表 5. 调整信号发生器使输出为 4mA，调整 I/P 的零位螺丝使输出压力为 0.2bar，并作好记录 6. 调整信号发生器使输出为 20mA，调整 I/P 的量程电位器使输出压力为 1.0bar，并作好记录 7. 零位、量程来回调整几次，直至误差小于 2% 8. 调整相应的信号源，依次给出 8、12、16mA，记录其输出的压力值，要求误差在允许范围内 9. 拆除信号发生器，接上 I/P 的输入线并盖上 I/P 的盖子，连接好气管路 10. 清除接线垃圾，工作票终结				

	项 目 名 称	质 量 要 求	满分	扣　分	
评分标准	1. 调整前的安措	开好工作票	4	未开工作票扣30分，未终结工作票扣2分	
	2. 校验系统连接	（1）正确 （2）简洁、美观 （3）管路接头无漏气	5 4 5	不正确扣5分 不简洁、美观扣1～4分 漏气扣5分	
	3. I/P 校验	（1）步骤正确 （2）精度符合范围要求	5 3	不正确扣5分 达不到要求扣 1～3分	
	4. 技术记录	技术记录完整、清晰、正确	4	记录不全扣1～4分	

行业：电力工程　　工种：热工自动装置检修　等级：技师/高级技师

编　　号	C01B014	行为领域	e	鉴定范围	1
考核时间	30min	题　型	B	题　　分	30分

试题正文	气动调节阀定位器安装校验
需要说明的问题和要求	1. 要求单独完成 2. 需要协助时可向考评员申请，由考评员指定协助人员 3. 要求安全文明生产
工具、材料、设备、场地	1. 8in 扳手两把，中型一字螺丝刀一支，十字螺丝刀一支，英制内六角一套，万用表一个，0.16MPa 精密气压表一个 2. 生料带一盒，橡皮管几根，连接线几根 3. 定位器及气动调节阀一套 4. 工作现场
操作步骤	1. 工作票许可，安措完成 2. 手动进气，使阀门的开度大致为50% 3. 连接定位器，使定位器的连接摆臂为水平位置，固定定位器 4. 设定定位器供气压力为 5~7bar（1bar=10^5Pa） 5. 连接气源到 0.16MPa 精密气压表上，调节气源减压阀使信号气提供为 0.2bar 时，调节定位器零位螺丝，使阀门开度刚好达到100% 6. 调节气源减压阀使信号气提供为 1.0bar 时，调节定位器零位螺丝，使阀门开度刚好达到 0 7. 零位、量程来回调整几次，使阀门的线性、开度都符合标准，并作好记录 8. 如果阀门的线性不好，可以通过调整连杆的长度来改变线性度 9. 接好气管路，检查是否有漏气现象，最后终结工作票

评分标准	项目名称	质量要求	满分	扣　　分
	1. 开工作票	开工作票，做好安措	5	未开工作票扣 30分，未终结工作票扣 2分
	2. 安装质量	（1）安装顺序要符合规范要求、安装位置要正确	4	顺序错误扣 1~4分，位置错误扣 4分
		（2）安装牢固、管接头无漏气	5	安装不够牢固扣 1~2分，漏气扣 3分
	3. 使用工具及操作	（1）工具使用正确	4	工具使用不正确扣 1~4分
		（2）操作熟练	3	操作不熟练扣 1~3分
	4. 投入使用	要求将定位器安全、正确地投入使用	5	投入方法不正确扣 5分
	5. 技术记录	记录完整、清晰、无误，符合计量规定	4	记录不完整扣 1~4分

4.2.3　综合操作

编　号	C05C001	行为领域	e	鉴定范围	3
考核时间	50min	题　型	C	题　分	50分
试题正文	循环水热电阻信号故障处理				
需要说明的问题和要求	1. 要求单独完成 2. 需要协助时可向考评员申请，由考评员指定协助人员 3. 要求安全文明生产				
工具、材料、设备、场地	1. 尖嘴钳一把，螺丝刀一把，万用表一块 2. 线鼻子若干 3. Pt100 热电阻一个 4. 工作现场				
操作步骤	1. 工作票许可，安措完成 2. 解开去 DCS 系统 I/O 通道的接线，用万用表的电阻挡测量热电阻的阻值，并测量每根电线对地的电阻 3. 如测量的电阻阻值满足要求，对 DCS 系统的 I/O 通道进行校验 4. 如测量的电阻阻值不符合要求或有接地现象，就地更换热电阻 5. 如测量的电阻阻值偏大，对电缆接线进行重新紧固或重新做线鼻子接上 6. 更换热电阻后，三线制接线要注意正确 7. 工完场清，终结工作票				

	项目名称	质量要求	满分	扣　分
评分标准	1. 开工作票	开好工作票，做好安措	6	未开工作票扣 50分，未终结工作票扣2分
	2. 使用工具及操作	（1）工具使用正确	5	不正确扣5分
		（2）操作熟练	5	不熟练扣1～5分
	3. 处理过程	（1）接线正确 （2）能迅速找出故障原因	3 20	不正确扣3分 较慢扣1～20分
	4. 处理结果	信号恢复正常	11	不正常扣11分

行业：电力工程　　　工种：热工自动装置检修　　　等级：初

编　号	C05C002	行为领域	e	鉴定范围	3
考核时间	50min	题　型	C	题　分	50分
试题正文	分散控制系统热电偶信号故障处理				
需要说明的问题和要求	1. 要求单独完成 2. 需要协助时可向考评员申请，由考评员安排指定协助人员 3. 要求安全文明生产				
工具、材料、设备、场地	1. 螺丝刀一把，万用表一只，控制接线图，防静电装置一个 2. 温度补偿导线一根 3.工程师工作站一台 4. 编程室、电子室				
操作步骤	1. 开工作票，做好安措，得到许可后开工。首先根据操作员控制台画面查到故障的温度信号所对应的坐标位置及所在的画面号 　2. 通过工程师站控制台查到该温度信号对应电子室端子柜 I/O 通道号 　3. 做好防静电保护措施 　4. 用万用表首先测量热电偶输入毫伏信号，如果正常，那么检查温度补偿导线 　5. 毫伏信号如果不正常，那么首先用螺丝刀就地将热电偶端子及中间柜端子接线紧固，检查屏蔽线是否接好 　6. 如果仍无效，就将中间柜热电偶端子一根信号线解开，用万用表测量热电偶输入电阻，如为开路，则可以判断热电偶偶已损坏 　7. 就地更换为同型号热电偶（注意材质、直径、长度是否一样） 　8. 重新确认操作员控制台 CRT 原故障的温度信号已显示正常 　9. 运行确认后终结工作票				

评分标准	项目名称	质量要求	满分	扣　分
	1. 开工作票	开好工作票，做好安措	6	未开工作票扣 50 分，未终结工作票扣 2 分，未做好安措扣 50 分
	2. 使用工具及操作	（1）工具使用正确	5	不正确扣 5 分
		（2）操作熟练	5	不熟练扣 1~5 分
	3. 处理过程	（1）接线正确、牢固	8	不正确、牢固扣 8 分
		（2）能迅速找出故障原因	15	较慢扣 1~15 分
	4. 处理结果	信号恢复正常	11	不正常扣 11 分

行业：电力工程　　　工种：热工自动装置检修　　　等级：中/高

编　号	C43C003	行为领域	e	鉴定范围	3
考核时间	50min	题　型	C	题　分	50分
试题正文	分散控制系统控制柜电源卡故障处理				

需要说明的问题和要求	1. 要求单独完成 2. 需要协助时可向考评员申请，由考评员安排指定协助人员 3. 要求安全文明生产
工具、材料、设备、场地	1. 多功能螺丝刀一把 2. 该分散控制系统对应的电源模件一块 3. 电子室
操作步骤	1. 工作票许可，安措完成 2. 检查分散控制系统的电源模件，找到故障模件所在位置 3. 依据分散控制系统电源模件说明书处理故障电源模件 4. 如果不能处理好故障电源模件，则更换所拔出的电源模件 5. 电源模件显示正常 6. 终结工作票

评分标准	项 目 名 称	质 量 要 求	满分	扣 　分
	1. 处理前的安措	开好工作票，做好安措	11	未开工作票扣 50 分，安措未做好扣 50 分，未终结工作票扣 2 分
	2. 使用工具及操作	工具使用正确、操作熟练	5	工具使用不正确熟练扣 1～5 分
	3. 处理过程	（1）步骤正确、安装牢固	8	不正确扣 8 分，不牢固扣 8 分
		（2）能迅速找出故障原因	15	较慢扣 1～15 分
	4. 处理结果	电源恢复正常	11	不正常扣 11 分

284

行业：电力工程　　工种：热工自动装置检修　　等级：中/高

编　　号	C43C004	行为领域	e	鉴定范围	2
考核时间	50min	题　　型	C	题　　分	50分
试题正文	电涡流探头安装				
需要说明的问题和要求	1. 要求单独完成 2. 需要协助时可向考评员申请，由考评员安排指定协助人员 3. 要求安全文明生产				
工具、材料、设备、场地	1. 万用表，大扳手，12in扳手，6in扳手 2. 生料带，铅丝				
操作步骤	1. 开好工作票，做好安措。将电涡流探头拧到探头支架上，再将探头支架大致固定在轴承座支架上，调整角度使探头端面与转子被测面平行，用12in扳手先固定好，再用大扳手固定牢固 2. 旋入探头粗略调整在安装位置，将探头与引伸电缆连接，用万用表测试探头前置器输出，看输出电压是否在安装电压附近，若相差较大，松开引伸电缆，重新调整 3. 若测出电压负向偏大，则将探头向被测面方向旋转，若偏小，则将探头向被测面反方向旋转，再连上引伸电缆，测试前置器输出电压，使其在安装电压附近 4. 略微旋动探头，使前置器输出电压略大于安装电压，用6in扳手将探头固定螺母 5. 用万用表测试前置器的输出电压，看是否基本满足安装电压，若有出入，用6in扳手松开探头固定螺母，略作调整后再拧紧螺母 6. 最后用12in扳手将探头支架固定牢靠，用生料带缠严引伸电缆接头，用铅丝将探头及引伸电缆固定以防被转子擦破，最后终结工作票				

	项 目 名 称	质 量 要 求	满分	扣　分
评 分 标 准	1. 安装前的安措	开好工作票，做好安全技术措施	6	未开工作票扣50分，未做好安措扣50分，未终结工作票扣2分
	2. 安装质量	（1）探头支架固定牢固	5	不牢固扣5分
		（2）探头固定牢固	5	不牢固扣5分
		（3）探头端面与被测面平行	8	不平行扣1～8分
		（4）引伸电缆接头密封性好	6	密封性不好扣1～6分
	3. 安装后测试	电涡流探头安装电压满足要求	10	不满足要求扣1～10分
	4. 使用工具及操作	（1）工具使用正确	5	不正确扣5分
		（2）操作熟练	5	不熟练扣1～5分

行业：电力工程　　　　工种：热工自动装置检修　　　　等级：高

编　　号	C03C005	行为领域	e	鉴定范围	1
考核时间	50min	题　型	C	题　分	50分
试题正文	汽轮机 TSI 振动卡件校验（以日本新川公司产品为例）				
需要说明的问题和要求	1. 要求单独完成 2. 需要协助时可向考评员申请，由考评员指定协助人员 3. 要求安全文明生产				
工具、材料、设备、场地	1. 小螺丝刀一把，钟表螺丝刀一套，高精度万用表一个，卡件延伸卡一块 2. 连接导线若干 3. 电压信号发生器一台，频率发生器一台，TSI 振动卡件一块 4. 电子室				
操作步骤	1. 工作票许可，安措完成 2. 对 TSI 振动卡控制柜下电，拧松卡件固定螺丝，拔出振动卡件 3. 插上振动延伸卡，并把振动卡插入延伸卡中 4. 在振动卡件的 1、2 端接入频率发生器和标准电压发生器，对 TSI 振动卡控制柜上电 5. 加 -10V DC 信号，频率发生器在"OFF"，用高精度万用表测量振动卡件上的 MP4 应为 0，CM 单元上的显示为 0μm，卡件的输出电流信号应为 4mA，作好记录 6. 如数据不符，用小螺丝刀调卡件上的 P2 电位器，使 MP4 为 0，同时调整卡件上的 P5 电位器使电流输出为 4mA 7. 开频率发生器，并加 707mV RMS/50Hz 的信号，用高精度万用表测量振动卡件上的 MP8 应为 10V，在 CM 单元上的显示为 200μm，卡件的输出电流信号应为 20mA 8. 如数据不符，用小螺丝刀调卡件上的 P1 电位器，使 MP4 上为 707mV RMS，同时调整卡件上的 P3 电位器使 MP8 为 10V，用 P4 电位器调节电流输出为 20mA，作好记录 9. 重新对 TSI 振动卡控制柜下电，恢复振动卡件在初始位置后对 TSI 控制柜送电 10. 工完场清，终结工作票				
评分标准	项目名称	质量要求	满分	扣　分	
	1. 校验前的安措	开好工作票，做好安全技术措施	10	未开工作票扣50分，未做好安措扣50分，未终结工作票扣2分	
	2. 接线正确	要求正确接线	10	接线不正确扣10分	
	3. 校验过程	步骤正确	12	不正确扣1～12分	
	4. 技术记录	要求技术记录完整、清晰、正确	8	不完整扣1～8分	
	5. 使用工具及操作	（1）工具使用正确	5	不正确扣5分	
		（2）操作熟练	5	不熟练扣1～5分	

编　号	C03C006	行为领域	e	鉴定范围	1
考核时间	50min	题　型	C	题　分	50分
试题正文	空气预热器LCS（漏风控制系统）探头在线调整				
需要说明的问题和要求	1. 要求单独完成 2. 需要协助时可向考评员申请，由考评员安排指定协助人员 3. 要求安全文明生产				
工具、材料、设备、场地	1. 螺丝刀一把，10in扳手两把，8in扳手一把，4in扳手一把 2. LCS控制探头一个 3. 工作现场				
操作步骤	1. 工作票许可，安措完成 2. 在LCS控制柜，把需调整探头的这侧扇形板控制方式切至手动 3. 切至手动后，按下后退钮，扇形板拉10min左右停 4. 用扳手拧开探头的盖子，用螺丝刀插入压板并慢慢顶起 5. 听到微动开关动作声响两次，LCS控制柜有信号显示，说明微动开关正常 6. 两只微动开关动作声音有一定间隔，距离相差1.5mm 7. 两只微动开关动作间隔距离不在1.5mm左右，需调整 8. 用扳手拧松微动开关的固定螺母，调整微动开关的位置 9. 反复调整直到间隔满足要求为止 10. 盖好盖子，切至自动方式投运，终结工作票				

	项 目 名 称	质 量 要 求	满分	扣　分	
评分标准	1. 调整前的安措	开好工作票，做好安措	6	未开工作票扣50分，未做好安措扣50分，未终结工作票扣2分	
	2. 调整过程	（1）动作熟练 （2）步骤正确 （3）微动开关间距控制在规定范围	5 5 10	不熟练扣1～5分 不正确扣5分 不在规定范围扣1～10分	
	3. 调整后测试	（1）探头投运时一次开动作灵敏 （2）探头能投入自动运行	12 12	不灵敏扣1～12分 不能投自动扣12分	

行业：电力工程　　　工种：热工自动装置检修　　　等级：高/技师

编　　号	C32C007	行为领域	e	鉴定范围	3
考核时间	50min	题　　型	C	题　　分	50分
试题正文	DCS系统内SOE故障处理				

需要说明的问题和要求	1. 要求单独完成 2. 需要协助时可向考评员申请，由考评员安排指定协助人员 3. 要求安全文明生产
工具、材料、设备、场地	1. 多功能螺丝刀一把，DCS系统中SOE说明书一份 2. DCS控制系统工程师站一台 3. 电子室
操作步骤	1. 开好工作票，做好安措 2. 在DCS系统工程师站上查找SOE出现故障的位置 3. 根据DCS系统SOE说明书排除故障 4. SOE正常 5. 终结工作票

评分标准	项目名称	质量要求	满分	扣　分
	1. 处理前的安措	开好工作票，做好安措	6	未开工作票扣50分，未做好安措扣50分，未终结工作票扣2分
	2. 处理过程	步骤正确	30	不正确扣30分
	3. 处理结果	SOE显示正常	14	不正常扣14分

编　　号	C02C008	行为领域	e	鉴定范围	1
考核时间	50min	题　型	C	题　　分	50分
试题正文	BAILEY气动调节执行机构调校				
需要说明的问题和要求	1. 要求单独完成 2. 需要协助时可向考评员申请，由考评员安排指定协助人员 3. 要求安全文明生产				
工具、材料、设备、场地	1. 螺丝刀一把，扳手（4、6、8in 各一把），小改锥一套，英制内六角一套，记号笔，万用表，0～0.16MPa 压力表一个 2. 绝缘胶布一卷 3. BAILEY气动调节执行机构一台，4～20mA 信号发生器一台 4. 工作现场				
操 作 步 骤	1. 开工作票，做好安措。检查执行机构各行程标志完好，动作灵活，气源压力（约0.7MPa）正常 2. 关闭气源，用螺丝刀打开执行机构定位器的罩盖 3. 用螺丝刀截去定位器内的指令线和位置反馈线，用记号笔作好记号，并用绝缘胶布将线头包扎好 4. 在定位器内的指令端子和位置反馈端子上接入4～20mA信号发生器和万用表 5. 在定位器的"I"口接入0～0.16MPa压力表 6. 打开气源，让信号发生器输出 4mA，观察压力表指示是否为0.02MPa，如不是，用改锥调节指令零位电位器，让信号发生器输出20mA，观察压力表指示是否为 0.1MPa，如不是，用改锥调节指令量程电位器。如此往复，直至4～20mA的信号对应的气压为0.02～0.1MPa为止 7. 让信号发生器输出 4mA，观察执行机构行程是否指示在0标志位，如不是，用内六角调节零位螺母，让信号发生器输出20mA，观察执行机构行程是否指示在100%标志位，如不是，用内六角调节量程螺钉。如此往复，直至4～20mA的信号对应的行程位置为0～100%为止 8. 让信号发生器输出 4mA，观察万用表的位置反馈电流指示是否为4mA，如不是，用改锥调节反馈零位电位器，让信号发生器输出20mA，观察万用表的位置反馈电流指示是否为20mA，如不是，用改锥调节反馈量程电位器。如此往复，直至4～20mA的信号对应的万用表电流为4～20mA为止 9. 拆除仪表，恢复接线，最后终结工作票				

评 分 标 准	项 目 名 称	质 量 要 求	满分	扣　　分
	1. 开工作票	开好工作票，做好安措	5	未开工作票扣 50分，未做好安措扣50分，未终结工作票扣2分
	2. 接线正确	正确接线	5	接线不正确扣5分
	3. 设备的拆装、整修	能正确、熟练地对执行机构进行拆装、整修	10	组态不正确、不熟练扣1～10分
	4. 执行机构校验	正确、熟练地进行执行机构的校验	15	校验不正确、不熟练扣1～15分
	5. 技术记录	要求技术记录完整、清晰、正确	5	技术记录不完整扣1～5分
	6. 调试精度	符合要求	10	不符合要求扣1～10分

行业：电力工程　　工种：热工自动装置检修　等级：技师/高级技师

编　　号	C21C009	行为领域	e	鉴定范围	3
考核时间	50min	题　　型	C	题　　分	50 分
试题正文	监测系统振动卡件校验（以 BN3300 为例）				
需要说明的问题和要求	1. 要求单独完成 2. 需要协助时可向考评员申请，由考评员安排指定协助人员 3. 要求安全文明生产				
工具、材料、设备、场地	1. 万用表一个，螺丝刀一把，小一字螺丝刀一把 2. 电线若干米 3. BN3300 振动监测系统一套，信号发生器一台 4. 电子室				
操作步骤	1. 开好工作票，做好安措。把 signal input module 上 channel A 的 com.1N 端子接线解开，在端子上接上万用表和信号发生器 　2. 调节信号发生器输出波形（带 100Hz 和-7Vd 偏置正弦波）的幅度，使信号发生器的峰峰值分别为 0、0.75、1.52、2.31、3.07V 　3. 拧松面板固定螺丝，把面板拉向右边，测量相应的电流信号应分别为 4、8、12、16、20mA。如不对应，则调节电位器（GA 或 GB），如调节无效，则换卡件 　4. 设定检测卡危险点和报警点，打开面板合上相应的开关（AA 为通道 A 调节，AB 为通道 B 调节），把面板上的 ALERT 或 DANGER 按钮按下并保持，用系统控制器上的上下箭头按钮来调节设置点，直至达到所需数值，复位 AA 或 AB 设置开关，关面板 　5. 检测卡危险点和报警点输出继电器确认，将万用表设置在电阻挡后接至卡件的 DANGER 端子（须将端子上线解下），调节信号输出波形幅度直到万用表电阻挡指示为零（即 DANGER 继电器动作），如发现继电器不动作或动作值与设定值偏差较大，则须更换卡件，同样检查报警点输出继电器 　6. 在卡件校验单上记录相应校验数据，最后终结工作票				

	项　目　名　称	质　量　要　求	满分	扣　　　分
评分标准	1. 校验前的安措	开好工作票，做好安措	6	未开工作票扣 50 分，未做好安措扣 50 分，未终结工作票扣 2 分
	2. 接线正确	要求正确接线	5	接线不正确扣 5 分
	3. 校验过程	（1）步骤正确	6	不正确扣 6 分
		（2）信号输入、面板指示和卡件 4～20mA 输出基本一致	8	不一致扣 1～8 分
		（3）报警值和危险值动作准确	10	不准确扣 10 分
	4. 技术记录	要求技术记录完整、清晰、正确	5	不完整扣 1～5 分
	5. 使用工具及操作	（1）工具使用正确	5	不正确扣 5 分
		（2）操作熟练	5	不熟练扣 1～5 分

试卷样例

中级热工自动装置检修工知识要求试卷

题号	一、选择题	二、判断题	三、简答题	四、计算题	五、绘图题	六、论述题	总分
题分	25	25	15	10	10	15	100
得分							

一、选择题（每题 1 分，共 25 分）

下列每题只有一个正确答案，将所选项的序号填入题中括号内。

1. 体积流量的单位名称是（　　　）。

（A）每秒立方米；（B）立方米每秒；（C）每立方米秒；（D）立方米秒。

2. 国际单位制中基本单位有（　　）种。

（A）3；（B）7；（C）6；（D）5。

3. 精确度为 1/20 的游标卡尺，其主尺与副尺每格刻度相差（　　）。

（A）0.5mm；（B）0.1mm；（C）0.05mm；（D）0.01mm。

4. （　　）是现代科学技术所能达到的最高准确度等级。

（A）计量标准器具；（B）国家基准；（C）工作计量器具；（D）最高计量标准。

5. 调节系统的整定就是根据调节对象调节通道的特性确定（　　）参数。

（A）变送器；（B）调节器；（C）执行器；（D）传感器。

6. 逻辑表达式 $L=(A+B)(A+C)$ 的对偶表达式为（　　　）。

（A）$L=(A+B)(A+C)$；（B）$L=A \cdot B+A \cdot C$；（C）$L=A \cdot B+B \cdot C$；（D）$L=A \cdot A+B \cdot C$

7. 十进制数 101 的二进制码为（　　）。

（A）101；（B）100101；（C）1100101；（D）11100101。

8. 在运算放大电路中，（　　）漂移是漂移的主要来源。

（A）输入失调电压温度；（B）输入失调电流温度；（C）温度；（D）电压。

9. 运算放大器的内部由（　　）组成。

（A）差动式输入级、电压放大级、输出级；（B）差动式输入级、电流放大级、输出级；（C）甲类输入级、电压放大级、输出级；（D）乙类输入级、电流放大级、输出级。

10. 给水回热系统各加热器的抽汽要装止回门的目的是（　　）。

（A）防止蒸汽倒流；（B）防止给水倒流；（C）防止凝结水倒流；（D）以上都不是。

11. 根据我国检修管理水平和设备的实际情况，现阶段仍要贯彻（　　）的方针。

（A）百年大计、质量第一；（B）应修必修、修必修好；（C）预防为主、计划检修；（D）安全第一、该修必修。

12. 在全面质量管理中，经常用于持续质量改进的循环过程是（　　）。

（A）PCDA；（B）PDAC；（C）CAPD；（D）PDCA。

13. 胸外按压与口对口人工呼吸同时进行，单人抢救时，每（　　）。

（A）按压 5 次后，吹气 3 次；（B）按压 3 次后，吹气 1 次；（C）按压 15 次后，吹气 2 次；（D）按压 15 次后，吹气 1 次。

14. 当 DBW 型温度变送器的"工作—检查"开关拨到"检查"位置时，其输出电流为（　　），表示整机工作正常。

（A）0mA；（B）10mA；（C）4～6mA；（D）不确定。

15. 锅炉燃烧调节系统中，一般调节燃烧和风量的动作顺序是：（　　）。

（A）增负荷时先增燃料后增风量，降负荷时先减燃料后减风量；（B）增负荷时先增风量后增燃料，降负荷时先减风量后减燃料；（C）增负荷时先增燃料后增风量，降负荷时先减风量后减燃料；（D）增负荷时先增风量后增燃料，降负荷时先减燃料后减风量。

16. 在三冲量给水调节系统中，校正信号是（　　）。

（A）汽包水位信号；（B）蒸汽流量信号；（C）给水流量信号；（D）以上都不是。

17. 差压变送器投运程序是：（　　）。

（A）先开平衡阀、再开低压阀、最后开高压阀；（B）先开平衡阀、再开高压阀、最后开低压阀；（C）先开高压阀、再开低压阀、最后开平衡阀；（D）先开低压阀、再开平衡阀、最后开高压阀。

18. 以衰减率 $\psi=$（　　）作为整定调节系统时稳定裕量指标，可使被调量动态偏差、过调量和调节过程时间等指标大致满足一般热工调节系统的要求。

（A）0～1；（B）0.9；（C）0.9～0.95；（D）0.75～0.95。

19. 当执行器的制动器调整不好或磁放大器的不灵敏区太小时，将会产生（　　）。

（A）真假零点；（B）输出轴不动；（C）自激振荡；（D）以上情况都会发生。

20. 压力变送器安装在取样点上方较高位置时，其零点采用（　　）。

（A）正向迁移；（B）负向迁移；（C）不用迁移；（D）根据实际情况而定。

21. 在热工生产过程中，对调节的最基本要求是（　　）。

（A）稳定性；（B）准确性；（C）快速性；（D）稳定性和快速性。

22. 锅炉正常运行时，云母水位计所示汽包水位比实际水位（　　）。

（A）偏高；（B）偏低；（C）相等；（D）有时偏高、有时偏低。

23. DCS 装置本身只是一个软件、硬件的组合体，只有经过（　　）以后才能成为真正适用于生产过程的应用控制系统。

（A）软、硬件组态；（B）程序下载；（C）程序编写；（D）程序编译。

24. 集散控制系统是以（　　）为核心的。

（A）数据通信系统；（B）微处理器；（C）控制处理单元；（D）以上都不是。

25. 集散控制系统是（　　）有机结合的整体。

（A）微型处理机、工业控制机、数据通信系统；（B）工业控制机、数据通信系统、CRT 显示器；（C）过程通道、CRT 显示器、微型处理机；（D）以上都是。

二、判断题（每题 1 分，共 25 分）

答案填在括号内，正确的用"√"表示，错误的用"×"表示。

1. 功率是国际单位制基本单位之一。（　　）

2. 热力学温标是指以热力学第三定律为基础制定的温标。（　　）

3. 允许误差就是基本误差。（　　）

4. 译码器能将具有特定含义的不同二进制码辨别出来，并转换成控制信号，译码器可作数据分配器使用。（　　）

5. 在停电后 EPROM 能自动清除存储的信息。（　　）

6. D 触发器常用作数字信号的数据锁存器。（　　）

7. 在放大电路中，若采用电压串联负反馈将会使输入电阻增加。（　　）

8. 译码器能将具有特定含义的不同二进制码辨别出来，并

转换成控制信号，译码器可作数据分配器使用。（　　）

9. 因为储能元件的存在，就某一瞬间来说，回路中一些元件吸收的总电能可能不等于其他元件发出的总电能。（　　）

10. 调节就是抵消扰动的影响，使调节变量恢复到给定值。
（　　）

11. 热工温度自动控制系统内测温传感器主要使用热电偶和热电阻。（　　）

12. 闭环调节系统一定是反馈调节系统。（　　）

13. 由调节作用来改变并抑制被调量变化的物理量，称为调节量。（　　）

14. 扰动是指引起调节量变化的各种因素。（　　）

15. 在静态过程中，被测量值偏离给定值的最大值叫做超调量。（　　）

16. 汽轮机轴承润滑油压力低连锁保护压力开关的取样，一般在润滑油泵的出口处。（　　）

17. 在弹性式压力计中，弹性测压元件把压力（或差压）转化为弹性元件变形位移进行测量。（　　）

18. 热电偶是利用温室效应测量温度的。（　　）

19. 当汽轮机突然甩负荷时，调速系统应将主汽阀关闭以防止汽轮机超速。（　　）

20. 在锅炉过热汽温调节中，主要调节手段是改变尾部烟道挡板开度或调节燃烧器喷嘴角度。（　　）

21. 直接根据扰动进行调节的控制方式称为前馈控制。
（　　）

22. 调节过程结束后，被控量的实际值与给定值之间的偏差称为动态偏差。（　　）

23. 分布式数据采集系统的前级只有信号采集和传输功能，而无预处理功能。（　　）

24. DCS 中基本控制器的控制回路数量受其内部输入、输出点数限制。（　　）

25. 分散控制系统的主要功能包括 4 个部分：控制功能、监视功能、管理功能和通信功能。　　　　　　　　（　 ）

三、简答题（每题 5 分，共 15 分）

1. 当减温水量已增至最大，过热蒸汽温度仍然高时，可采取哪些措施降低汽温？

2. 什么叫积分分离？它在过程控制中有什么作用？

3. 分散控制系统中"4C"技术是指什么？

四、计算题（共 10 分）

对于双杠杆结构力平衡变送器，已知：其电磁反馈机构中永久磁钢的磁感应强度 B=0.38T，反馈动圈的平均直径 D_m=62.5mm，π=3.14，反馈动圈的匝数 W=2700 匝，输出电流 I_0=10mA，求电磁反馈力 F_f。

五、绘图题（共 10 分）

试画出汽温串级调节系统组成原理图。

六、论述题（共 15 分）

试述什么叫分散控制系统。它有什么特点？

中级热工自动装置检修工技能要求试卷

一、1151 型差压变送器的校验。（20 分）

二、校验工业用一般弹簧管式压力表。（30 分）

三、对新的 Bailey 智能型变送器进行组态并校验。（50 分）

中级热工自动装置检修工知识要求试卷答案

一、选择题

1.（B）；2.（B）；3.（C）；4.（B）；5.（B）；6.（B）；7.（C）；8.（C）；9.（A）；10.（A）；11.（C）；12.（D）；13.（C）；14.（C）；15.（D）；16.（A）；17.（A）；18.（D）；19.（C）；20.（A）；21.（A）；22.（B）；23.（A）；24.（B）；25.（D）。

二、判断题

1.（√）；2.（×）；3.（×）；4.（×）；5.（√）；6.（×）；
7.（√）；8.（√）；9.（√）；10.（×）；11.（×）；12.（√）；
13.（√）；14.（√）；15.（×）；16.（×）；17.（×）；18.（√）；
19.（×）；20.（×）；21.（×）；22.（×）；23.（×）；24.（×）；
25.（√）。

三、简答题

1. 答：（1）调整锅炉燃烧，降低火焰中心位置。

（2）在允许范围内减少过量空气量。

（3）适当降低锅炉蒸发量。

2. 答：积分分离是可编程调节器的一种特殊算法，即系统出现大偏差时（用逻辑判断），积分不起作用，只有比例及微分作用，而系统偏差较小时（被调量接近给定值）积分起作用。

3. 答：控制技术（CONTROL）、计算技术（COMPUTER）、通信技术（COMMUNICATION）和图像显示技术（CRT）。

四、计算题

解：根据公式 $F_f = \pi D_m W B I_0$（N）得

$$F_f = 3.14 \times 0.0625 \times 0.38 \times 0.01 \times 2700 = 2.014 \text{（N）}$$

答：电磁反馈力 $F_f = 2.014$ N。

五、绘图题

答：如图 1 所示。

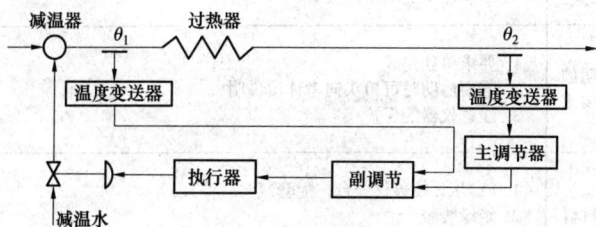

图 1

六、论述题

答：分散控制系统又称总体分散型控制系统，它是以微处理机为核心的分散型直接控制装置。它的控制功能分散（以微处理机为中心构成子系统），管理集中（用计算机管理）。它与集中控制系统比较有以下特点：

（1）其可靠性高（即危险分散）。以微处理机为核心的微型机比中小型计算机的可靠性高，即使一部分系统故障也不会影响全局，当管理计算机故障时，各子系统仍能进行独立的控制。

（2）其系统结构合理（即结构分散）。系统的输入、输出数据预先通过子系统处理或选择，数据传输量减小，减轻了微型机的负荷，提高了控制速度。

（3）由于信息量减小，使编程简单，修改、变动都很方便。

（4）由于控制功能分散，子系统可靠性提高，对管理计算机的要求可以降低，对微型机的要求也可以降低。

中级热工自动装置检修工技能要求试卷答案

一、答案如下

行业：电力工程　　　　工种：热工自动装置检修　　　　等级：中

编　号	C4A001	行为领域	e	鉴定范围	1
考核时间	30min	题　　型	A	题　　分	20分
试题正文	1151型差压变送器的校验				
需要说明的问题和要求	1. 要求单独完成 2. 需要协助时可口头向考评员说明 3. 注意仪器的保护				
工具、材料、设备、场地	1. FLUKE校验仪一台，配套气泵（油泵） 2. 绝缘胶带 3. 1151型差压变送器 4. 热工计量室				

操作步骤	1. 变送器精度要求：允许误差为±16×0.5%=±0.08（mA） 2. 将变送器的高压侧与校验仪气泵正确连接，低压侧疏空 3. 根据变送器的量程确定5个或5个以上的检定点 4. 逐次加压至各检定点，并记录各检定点对应的输出电流 5. 逐次降压至各检定点，并记录各检定点对应的输出电流 6. 计算压力变送器的示值误差是否在允许误差范围 7. 如超出允许误差，则重复3、4步骤，进行零位、量程调整 8. 填写记录报告			
评分标准	项目名称	质量要求	满分	扣分
	1. 误差计算	要求计算正确，符合计量规程	2	计算错误扣2分
	2. 连接校验回路	校验回路连接正确无误	5	连接错误扣1～5分
	3. 检定点的确定	检定点选择正确	5	检定点选择错误扣5分
	4. 校验及调节过程	校验过程及调整过程正确	5	调整过程有错误扣1～5分
	5. 记录报告	记录要求完整、正确	3	记录不完整扣1～3分

二、答案如下

行业：电力工程　　　工种：热工自动装置检修　　　等级：中

编　号	C04B001	行为领域	e	鉴定范围	1
考核时间	30min	题　型	B	题　分	30分
试题正文	校验一只量程为0～0.16MPa、精度为1.5级的工业用一般弹簧管式压力表				
需要说明的问题和要求	1. 要求单独完成 2. 需要协助时可口头向考评员说明 3. 要求安全文明生产				
工具、材料、设备、场地	1. 量程为0～0.25MPa、精度为0.25精密压力表一只 2. 垫床若干，生料带一卷 3. YJY-2.5型压力校验台一台 4. 热工计量室				

操作步骤	1. 压力表精度要求计算：允许基本误差为±0.16×1.5%=±0.0024（MPa） 2. 选择合适的压力表校验台和精密压力表 3. 分别把标准压力表和被校压力表装在校验台的左边和右边，注意使标准表和被校表等高 4. 进行压力校验台的水平调整 5. 进行校验装置的排空工作 6. 打开校验装置排气阀，关闭标准表和被校表的进气阀进行抽压 7. 关闭排气阀，打开标准表和被校表的进气阀开始校验 8. 逐步匀速地加压，分别加压到使标准表的读数为 0.04、0.08、0.12MPa 和 0.16MPa，待被校表读数稳定后，读取被校表的压力指示值，轻敲被校表，再次读取被校表的压力指示值 9. 匀速减压，分别减压至使标准表读数为 0.16、0.12、0.08MPa 和 0.04MPa，同样待被校表读数稳定后，读取被校表的压力指示值，轻敲压力表，再次读取被校表的压力指示值 10. 看看压力表的零位、线性及基本误差是否合格。若不合格须对压力表进行相应的调整，调整后重复 7、8 条，再校一遍，直到符合要求 11. 校验完毕后，放掉气压，拆掉所装标准表和压力表，将校验台恢复原样 12. 整理校验数据，判断压力表是否合格

	项 目 名 称	质 量 要 求	满分	扣 分
评分标准	1. 校验工具选择	选型正确	3	选型不正确扣 1～2 分
	2. 校验点选取	正确选取 5 点	3	不完全正确扣 1～2 分
	3. 基本误差计算	计算无误	3	计算有误扣 1～2 分
	4. 被校表、标准表安装	安装位置正确、无泄漏	6	安装位置错误扣 4 分，有泄漏扣 2 分
	5. 上下行程各校一遍		3	上行程或下行程漏校扣 2 分
	6. 读数方法正确	要求轻敲前后各读一次	6	读数方法不对扣 1～6 分
	7. 判断表计是否合格	判断方法正确，符合规程要求	3	判断错误扣 3 分
	8. 校验报告	校验报告完整、清晰、正确	3	校验报告有误扣 1～3 分

三、答案如下

行业：电力工程　　工种：热工自动装置检修　　等级：中

编　号	C4C001	行为领域	e	鉴定范围	1
考核时间	60min	题　型	C	题　分	50分
试题正文	对一只新的 Bailey 智能型变送器进行组态并校验，精度为 1.0 级				
需要说明的问题和要求	1. 要求单独完成 2. 需要协助时可口头向考评员说明 3. 注意仪器的保护				
工具、材料、设备、场地	1. FLUKE 多功能过程校验仪一台，Bailey 手操器一只，配套气泵一只 2. 生料带一卷 3. FLUKE 多功能过程校验仪一台，Bailey 智能型变送器一个 4. 热工计量室				
操作步骤	1. 变送器精度要求：允许误差为±20×1.0%=±0.2（mA） 2. 将变送器、校验仪、气泵及手操器正确连接好 3. FLUKE 校验仪的操作：打开电源，选好回路供电电源 24V，选择测量挡为 mA，输出挡为 kPa 4. 检查零压力时，FLUKE 校验仪输出压力显示是否为 0，若不是，则按压"CLEAR ZERO"键，使输出为 0 5. 打开手操器电源，自动读取变送器原始组态，进入"Ready"状态 6. 变送器组态：按"CONFIG"键，进入组态方式，按照提示完成组态 7. 变送器校验：按"CALIBRATE"键，进入校验方式 （1）输入低限压力信号，按"ENTER"键，将自动调整变送器的零位到 4mA （2）输入高限压力信号，按"ENTER"键，将自动调整变送器的零位到 20mA （3）在低限到高限之间均匀地选取若干个压力点，分别从小到大输入不同的压力值，读取对应的输出 mA 值，在分别从大到小输入不同的压力值，同样读取对应的输出 mA 值 8. 整理校验记录，判断变送器合格与否				

评分标准	项目名称	质量要求	满分	扣　分	
	1. 校验工具	要求正确准备好校验工具	5	校验工具不够正确扣 1~5 分	
	2. 接线正确	要求正确接线	5	接线不正确扣 5 分	
	3. 变送器组态	要求能正确、熟练地对变送器组态	20	组态不正确、不熟练扣 1~20 分	
	4. 变送器校验	要求能正确、熟练地进行变送器的校验	15	校验不正确、不熟练扣 1~15 分	
	5. 技术记录	要求技术记录完整、清晰、正确	5	技术记录不完整扣 1~5 分	

6 组卷方案

6.1 理论知识考试组卷方案

技能鉴定理论知识试卷每卷不应少于五种题型,其题量为 45～60 题(试卷的题型与题量的分配见下表)。

试卷的题型与题量分配(组卷方案)表

题 型	鉴定工种等级		配 分	
	初级、中级、高级	技师、高级技师	初级、中级、高级	技师、高级技师
选 择	20 题(1～2 分/题)	20 题(1～2 分/题)	20～40	20～40
判 断	20 题(1～2 分/题)	20 题(1～2 分/题)	20～40	20～40
简答/计算	5 题(6 分/题)	5 题(5 分/题)	30	25
绘图/论述	1 题(10 分/题)	1 题(5 分/题) 2 题(10 分/题)	10	15
总 计	45～55	47～60	100	100

高级技师的试卷,可根据实际情况参照技师试卷命题,综合性、论述性的内容比重加大。

6.2 技能操作考核方案

对于技能操作试卷,库内每一个工种的各技术等级下,应最少保证有 5 套试卷(考核方案),每套试卷应由 2～3 项典型操作或标准化作业组成,其选项内容互为补充,不得重复。

技能操作考核由实际操作与口试或技术答辩两项内容组成,初、中级工实际操作加口试进行,技术答辩一般只在高级工、技师、高级技师中进行,并根据实际情况确定其组织方式和答辩内容。